W0263315

Der adsorbierende Bodenkomplex und die adsorbierten Boden-

kationen als Grundlage der genetischen Bodenklassifikation. Von Prof. **K. K. Gedroiz,**
Leningrad. Aus dem Russischen übersetzt von Dipl.-Ing. **H. Kuron,** Breslau. Mit einer
Einführung von Prof. Dr. **P. Ehrenberg,** Direktor des Agrikulturchemischen Instituts der
Universität Breslau. *(Sonderausgabe aus den „Kolloidchemischen Beiheften")* VIII,
160 Seiten mit zahlreichen Tabellen. 8°. (1929.) Brosch. RM. 5.—.

Inhalt: I. Der adsorbierende Bodenkomplex: 1. Die Entstehung des kolloiden Bodenkomplexes. 2. Die Zusammensetzung des adsorbierenden Bodenkomplexes: a) Organischer
Anteil des adsorbierenden Komplexes; b) Mineralischer Anteil des adsorbierenden Komplexes.
3. Der physikalische Zustand des adsorbierenden Bodenkomplexes. 4. Die Widerstandsfähigkeit des adsorbierenden Bodenkomplexes gegen die zerstörende Wirkung des Wassers. 5. Die
Adsorptionskapazität des kolloiden Bodenkomplexes. — II. Die adsorbierten Boden-
kationen und die Typen der Bodenbildung: 1. Der Tschernosemtypus. 2. Der Solonetz-
typus. 3. Der Podsoltypus. 4. Der Laterittypus.

... Im Buche von Gedroiz wird von einem Kenner über eigene Hand- und Kopfarbeit be-
richtet. Ein solcher Mann braucht nicht noch einmal zusammenzuschreiben, was man schon
an anderen Stellen, von anderen geschrieben, lesen konnte. Ein wissenschaftlicher Meister,
nicht ein Reporter, hat an diesem Werke gearbeitet; diesen Eindruck bekommt auch der Un-
eingeweihte schon nach dem Lesen der ersten Seiten. ... Der grundlegende Gedanke dieses
Buches ist Qualität und Quantität der Ionen, die im umtauschfähigen Mineralanteil des Bodens
untersucht werden, zur Ausarbeitung einer neuen Bodenklassifikation.
G. Wiegner (Schweiz. Landwirtsch. Monatshefte.)

Boden und Bodenbildung in kolloidchemischer Betrachtung.

Von Dr. **Georg Wiegner,** Professor für Agrikulturchemie an der Eidgen. Techn. Hochschule
in Zürich. Fünfte Auflage, 98 Seiten stark, mit 10 Textfiguren. (1928.) Preis RM. 5.—.

Inhalt: Neue Entwicklung der Kolloidchemie (Dispersoidchemie). — Übertragung der Ergebnisse
auf die Bodenkunde. — Die Eigenschaften der festen Dispersionen und Dispersoide. — Schutz-
wirkungen des Humus auf Bodendispersion. — Gegenseitige Ausfüllung der Dispersoide. — Aus-
tauschzeolithe als gemengte Gele. — Die Bodenbildung. — Anmerkungen. — Autoren- u. Sachregister.

Agrikulturchemische Übungen. Teil I: Methodik der Analyse.

Ein Leitfaden zum Gebrauch an landwirtschaftlichen Universitätsinstituten und Hochschulen
und zum Nachschlagen für Landwirtschaftslehrer und Versuchsleiter. Von Dr. **K. Maiwald**
und Priv.-Doz. Dr. **E. Ungerer,** Assistenten am Agrikulturchemischen und Bakteriologischen
Institut der Universität Breslau. Mit einer Einführung von Prof. Dr. **Paul Ehrenberg,**
Direktor des Agrikulturchemischen Instituts der Universität Breslau. VII und 92 Seiten. (1926.)
Preis RM. 4.50.

Inhalt: Einführung — Gewichtsanalyse — Bestimmung der Phosphorsäure — Bestimmung des
Kalis — Die Maßanalyse — Bestimmung des Stickstoffs — Bestimmung des Kohlendioxyds — Unter-
suchung von Futtermitteln — Bodenuntersuchungen: 1. Teil: Physikalische Methoden. 2. Teil:
Physikalisch-chemische Methoden. 3. Teil: Chemische und biologische Methoden.

Agrikulturchemie.

Von Dr. **F. Honcamp,** ordentl. Professor an der Landes-Universität und Direktor der Landwirtschaftlichen Versuchsstation zu Rostock i. M. in Gemeinschaft mit Dr. **O. Nolte,** Priv.-Doz.
an der Landwirtschaftlichen Hochschule und Geschäftsführer der D. L. G. in Berlin. (Band X der
Sammlung „Wissenschaftliche Forschungsberichte".) 160 Seiten stark. (1924.) Preis RM. 4.—,
gebunden RM. 5.20.

Inhalt: Einleitung. — I. Boden: Boden und Bodenbildung — Physikalische Eigenschaften des
Bodens — Bodenkolloide — Die organischen Bodenbestandteile — Bodenbiologie — Lagerstätten
landwirtschaftlich wichtiger Mineraldünger. — II. Pflanzenernährung und Düngung: Historischer
Überblick — Pflanzenernährung — Düngemittel und Düngung — Wirtschafts- und andere orga-
nische Dünger — Chemische Kunstdüngemittel. — III. Tierernährung und Fütterung: Historischer
Überblick — Ernährungs- und Fütterungslehre — Futtermittel. — IV. Agrikulturchemische Unter-
suchungsmethoden: Bodenkundliche Untersuchungsmethoden — Untersuchung von Düngemitteln —
Untersuchung von Pflanzenbestandteilen und Futtermitteln. — Namenregister. — Sachregister.

VERLAG VON THEODOR STEINKOPFF, DRESDEN U. LEIPZIG

G. STADNIKOFF
NEUERE TORFCHEMIE

Neuere Torfchemie

von

Prof. Dr. G. Stadnikoff

Wissenschaftlicher Leiter des Staatlichen
Instituts für Kohlenforschung Moskau

Mit einer Einführung von
Wo. Ostwald

Mit 17 Abbildungen und 77 Tabellen

DRESDEN und LEIPZIG

VERLAG VON THEODOR STEINKOPFF

1930

Alle Rechte vorbehalten

ISBN 978-3-642-49543-4   ISBN 978-3-642-49834-3 (eBook)
DOI 10.1007/978-3-642-49834-3

Zur Einführung.

Wirtschaft und Wissenschaft des Torfes bieten in gleicher Weise seit jeher besonders interessante, ja faszinierende Probleme. Jedermann weiß, daß eine der Grundbedingungen aller Industrie die Brennstoff-Frage bildet. Neben der konzentrierten, aber teuren Energiequelle der Kohle und des Erdöls bieten sich ungeheure Mengen des leicht zugänglichen, aber im natürlichen wasserhaltigen Zustande energiearmen Torfes an. Es entsteht leicht die Illusion, daß man die Energiedichte dieses leicht zugänglichen Materials auch leicht durch „Trocknen" steigern könne. Aber es ist ebenso bekannt, wie ungeheuer viel Arbeit und Geld verloren wurde in Versuchen, diesen Prozeß der Entwässerung auf „leichterem" Wege als bisher durchzuführen. Das Problem der Energieverdichtung wasserhaltiger Massen ist wirtschaftlich wie wissenschaftlich durchaus kein „leichtes". Die Holländer sagen mit Recht, daß man Torf nur einmal anfassen dürfe, da er sonst zu teuer würde. Alle Versuche, durch einen einzigen glücklichen Einfall, mit einem Schlage, das Problem der künstlichen Torfentwässerung in wirtschaftlichem Sinne zu lösen, sind zweifellos bisher gescheitert. Ist das Problem grundsätzlich unlösbar?

Natürlich sind wirtschaftliche Fragen abhängig von geographischen, politischen und sozialen Faktoren. Ein Verfahren kann in dem einen Lande wirtschaftlich sein, in einem anderen dagegen nicht. Im Kriege waren Verfahren von höchster Bedeutung, die im Frieden wertlos wurden. Eine allgemein gültige wirtschaftliche Lösung eines technischen Problems ist natürlich nicht möglich. Trotzdem bleibt aber die Frage von großer Wichtigkeit, auf welche Weise man am billigsten Torf nicht nur entwässern, sondern durch Verkokung, Verteerung usw. am rationellsten ausnützen kann. Die wirtschaftlichen Vorteile einer künstlichen Trocknung, welche aus der heutigen 100tägigen Saisonarbeit eine stetige, von klimatischen Einflüssen unabhängige Industrie machen würde (ähnlich wie dies mit der Papierindustrie im letzten Jahrhundert geschehen ist), sind so offenkundige, daß man sich darüber wundern kann, warum dies trotz der vielen Bemühungen noch nicht erreicht ist.

Professor Stadnikoff weist mit Recht auf den wesentlichen Grund hin, der die Fortschritte in der Technologie des Torfes bisher so schwierig gemacht hat: Die wissenschaftliche Erforschung, die Physik und Chemie des Torfes ist lange Zeit hindurch nur von sehr wenigen Fachgenossen betrieben worden. Für das Zentralproblem der Torfe n t w ä s s e r u n g gilt das besonders. Denn die zuständigen allgemeinen Zweige der Physik und Chemie, die für das spezielle Problem des Torfes die eigentlichen Grundlagen bilden: Kolloidphysik und Kolloidchemie sind ebenfalls erst junge Wissenschaften. Das „Trocknen" eines Breies, sagen wir, von Ammonsulfatkristallen ist grundsätzlich verschieden von dem „Trocknen" eines Torfbreies. Man hat erst in neuerer Zeit erkannt, daß die „Eigenart der Wasserbindung" im Torf, verglichen mit der Wasserbindung etwa in Sand, auch entsprechend eigenartige Trocknungsmethoden nötig macht. Die Kräfte, welche das Wasser im Torf binden, sind andere als die Kräfte, welche das Wasser im Sande festhalten. Es ist einleuchtend, daß wir die Natur dieser Kräfte erst möglichst genau kennen lernen müssen, ehe wir in der Lage sind, die b i l l i g s t e n Mittel zu ihrer Überwindung auszuwählen. Auch das Torfproblem gehört zu denen, die nicht nur durch einen einzigen glücklichen Einfall gelöst werden können, sondern zu den Problemen mit v i e l e n Variablen, die nur durch s y s t e m a t i s c h e wissenschaftliche und technologische Arbeit gefördert werden können.

Zu den Forschern, die genau auf letzterem Wege ganz wesentliche Fortschritte auf diesem Gebiete herbeigeführt haben, gehört G. S t a d n i k o f f. Die Abhandlungen, welche G. S t a d n i k o f f mit anderen russischen Fachgenossen zusammen in den zahlreichen stattlichen Bänden der „Hydrotorf-Forschung" veröffentlicht hat, gehören zu den schönsten auf kooperativer Basis ausgeführten wissenschaftlichen und technologischen Untersuchungen, die der Unterzeichnete in den letzten 10 Jahren überhaupt kennen gelernt hat. Die Vielseitigkeit und Eindringlichkeit der experimentellen Arbeit ist imponierend. Die Arbeiten beschränken sich auch nicht nur auf das Problem der Entwässerung, sondern behandeln auch zahlreiche rein chemische und technische Torf-Probleme, fördern also unsere Kenntnisse nach vielerlei Richtungen und auf breiter Grundlage.

Der Unterzeichnete hat es auf das lebhafteste begrüßt, daß Professor S t a d n i k o f f in einem besonderen Buche seine reichen eigenen Erfahrungen vereinigt hat mit einer Übersicht über die wichtigsten Ergebnisse anderer Forscher auf diesem Gebiete. Das Buch gibt eine im guten Sinne des Wortes moderne Schilderung des Standes unserer wissenschaftlichen und technologischen Erkenntnis der Torf-Probleme. Es ist von gleicher Bedeutung für den Brennstoffchemiker und den Organiker wie für den Kolloidchemiker, auch für d e n Kolloidchemiker, dessen Interessen vielleicht mehr nach der theoretischen Seite hin liegen.

Wo. Ostwald.

Vorwort.

Vor zehn Jahren konnten wir nicht von einer Chemie des Torfes sprechen, da unsere Kenntnisse über die Zusammensetzung und die Eigenschaften dieses Brennstoffes außerordentlich gering waren. Seit dieser Zeit aber haben chemische Untersuchungen im genannten Gebiet uns ein beträchtliches Material und einige theoretische Schlüsse gebracht, und wir können jetzt die Chemie des Torfes als ein ziemlich vielseitig bearbeitetes Kapitel der Kohlenchemie betrachten.

Besonders viel zur Klärung der Natur des Torfes haben die Untersuchungen von Sven Odén in Stockholm, Wo. Ostwald in Leipzig und aus Franz Fischers Institut in Mülheim (Ruhr) geleistet.

In Moskau wurden auch einige chemische Untersuchungen des Torfes zuerst im Karpow-Institut für Chemie und dann im Laboratorium des „Hydrotorf" ausgeführt.

Bei diesen Untersuchungen waren besonders tätig die Herren E. Iwanowsky, N. Titow, P. Korschew und Frau A. Baryschewa, denen ich auch an dieser Stelle meinen besten Dank aussprechen möchte.

Moskau, den 30. August 1930.

G. Stadnikoff.

Inhaltsverzeichnis.

Einleitung.

Allgemeine Charakteristik des Torfes und des Torfmoores.

Die Chemie betrachtet heute den Torf als eine Kohle, die sich noch im Stadium ihrer Bildung aus Pflanzenorganismen befindet.[1) In diesem Sinn wird der Umstand ganz verständlich, daß Torf seiner Zusammensetzung nach eine Zwischenstufe zwischen der Holzsubstanz und der organischen Masse von Kohlen einnimmt. Dieses Verhältnis ist aus der Tabelle I zu erkennen, wo die mittleren und abgerundeten Zahlen für Feuchtigkeit, Heizwert und elementare Zusammensetzung der organischen Masse von Holzsubstanz und verschiedenen Arten fester Brennstoffe angegeben sind.

Aus der Tabelle ist zu ersehen, daß mit der Annäherung der Kohle zum Anthrazit der Wassergehalt der grubenfeuchten und lufttrockenen Brennstoffe abnimmt. Der Übergang von der Holzsubstanz zum Torf ist mit einer Zunahme des Kohlenstoff- und einer Abnahme des Sauerstoffgehalts der organischen Masse verbunden; die Zunahme des Kohlenstoff- und Abnahme des Sauerstoffgehalts geht auch weiter beim Übergang vom Torf zu den Braunkohlen und von diesen zu den Steinkohlen. Daraus ist zu schließen, daß der Prozeß der Kohlenbildung aus den Pflanzenresten aus der Aufspeicherung des Kohlenstoffes und Abnahme des Sauerstoffes in der organischen Masse der Ablagerungen besteht. Es ist daher zu erwarten, daß eine und dieselbe Torfschicht in verschiedenen Lagertiefen einen verschiedenen Kohlenstoffgehalt aufweisen wird. In den oberen Lagerschichten, wo sich eine Menge unlängst abgestorbener und daher noch wenig zersetzter

---

[1) Bei Braun- und Steinkohle ist der Verwandlungsprozeß der organischen Pflanzenmasse schon abgeschlossen.

Pflanzenorganismen angesammelt hat, wird der Kohlenstoffgehalt dem Ausgangsgehalt des Pflanzenmaterials nah sein; bei tieferem Eindringen in die Lagerung werden wir immer zersetztere Masse und einen damit zusammenhängenden zunehmenden Kohlenstoff- und abnehmenden Sauerstoffgehalt vorfinden.

Tabelle I.

	Feuchtigkeit Proz.		Zusammensetzung der organischen Masse Proz.			Heizwert der organischen Masse
	Gruben-feucht	Luft-trocken	C	H	N+O+S	
Holzsubstanz . .	60	15	50	6	44	4500
Torf . . . . {	90	20—30	55	6	39	5000
	85	20—30	60	5,5	34,5	5700
Braunkohle . . . {	35	20	67	5,1	27,9	6500[1]
	50	20—30	70	5	25	6200
	30	20	72	5	23	6400
	15	—	76	5	19	7100
	8	—	78	5	17	7400
Steinkohle { Flammkohle .	4	—	80	5	15	7600
Gaskohle . .	2,5	—	83	5	12	7900
Kokskohle . .	1,5	—	87	5	8	8400
Magere Kohle	1,0	—	91	4,5	4,5	8700
Anthrazit . .	0,5	—	96	2,0	2,0	8400

Dieser Schluß wird sich bei der Untersuchung der Torfschichten, welche sich aus irgendeinem pflanzlichen Material gebildet hatten, vollständig bestätigen. Die Ergebnisse der Analyse einer solchen Schicht nach ihren Lagertiefen sind in der Tabelle II angeführt, wo die Zusammensetzung der organischen Torfmasse angegeben ist.[2]

Tabelle II.

	Tiefe in Meter				
	0,5	1,5	3,5	5,5	7,5
			Proz.		
C	56,3	56,7	57,2	58,6	61,4
H	5,3	5,8	5,5	5,7	5,7
N	2,3	2,4	2,4	2,6	3,0
O	35,9	35,1	34,8	33,1	29,8

[1] Aus dem Moskauer Kohlengebiet.
[2] Höring, Moornutzung und Torfverwertung (1915), 204.

Aus der Tabelle II ist zu ersehen, wie allmählich mit zunehmender Lagertiefe, oder mit anderen Worten mit zunehmendem Alter des Torfes, der Kohlenstoffgehalt steigt und der Sauerstoffgehalt sinkt.

In der Torfschicht können wir folglich den Veränderungsgang des organischen Pflanzenmaterials von seinem Anbeginn beobachten und alle Stadien, die von der lebenden Pflanze zum stark zersetzten Torf führen, feststellen. Doch auch im letzteren können wir mit Leichtigkeit schwach veränderte Reste von Formelementen der Pflanzen finden; ihre Anwesenheit gibt uns die Möglichkeit, Torf von Braunkohle leicht zu unterscheiden und darauf die Definition des Begriffes „Torf" aufzubauen.

Trotz dieses deutlichen Kennzeichens fehlt es uns bisher noch an einer wissenschaftlichen Feststellung des Begriffes Torf; statt einer knappen und sicheren Feststellung, was eigentlich Torf ist, finden wir lange und doch nicht erschöpfende Beschreibungen dieses Stoffes.

Zu solchen Beschreibungen sind die von C. A. Weber in seinem Werk „Über Torf, Humus und Moor"[1] und die von W. Gothan[2] gegebenen Definitionen des Torfes zu rechnen. Strache gab folgende Definition: „Torf ist ein aus der Anhäufung und Zersetzung vorwiegend pflanzlicher Reste entstandenes, braun bis schwarz gefärbtes, in grubenfeuchtem Zustande weiches, sehr wasserreiches (kolloides), organisches Gestein mit weniger als 40 Proz. anorganischen Beimengungen (bezogen auf wasserfreies Material), das bedeutende Mengen von alkalilöslichen Huminsäuren enthält".[3]

Die Definition von Strache ist wohl kurzgefaßt, aber nicht vollständig; sie entbehrt des äußerst wesentlichen Hinweises auf das Vorhandensein von Formelementen der Pflanzen in den Torfen. Ohne diesen Hinweis umfaßt die Bezeichnung Straches nicht bloß verschiedene Arten des Torfes, sondern auch stark feuchte Braunkohlen.

Unseren Kenntnissen über Torf würde folgende Definition mehr entsprechen:

Torf ist ein Konglomerat von Bitumina, Huminsäuren, deren Salzen, verschiedenen anderen Produkten der Zersetzung des organischen Materials bei Luftabschluß, und von noch nicht zersetzten Formelementen der Pflanzen (Blätter, Zweige, Wurzeln). Diese Definition charakterisiert recht vollständig den Torf und grenzt ihn ganz scharf von den Braunkohlen ab.

---

[1] Bremen 1903; S. Strache-Lant, Kohlenchemie (1924), 40.
[2] Braunkohle **24**, 1129 (1926).
[3] Strache, Brennstoffchemie **3**, 311; auch Strache-Lant, Kohlenchemie (1924), 40.

4

Die Hauptstoffe zur Bildung der Torfe lieferten verschiedenartige Pflanzenorganismen, angefangen von den Baumgruppen (Nordamerika, das Moor Ssukino bei Moskau) bis zu den Moosen und Plankton-. bildungen bei Überwiegen der Algen hinab. Die Beteiligung des Planktons an der Bildung mancher Moore bewirkt die zuweilen beobachtete scharfe Differenz in der Torfart zwischen der oberen und unteren Schicht derselben Lagerung. Man kann sogar auf solche freilich selten vorkommende Fälle stoßen, wo ein Torflager ganz scharf von einem Sapropellager abgelöst wird; manchmal ist das Torflager durch eine Wasserschicht von dem auf den Grund des Lagers vorkommenden Sapropel getrennt. Wir können folglich beim Erforschen der Torfmoore nicht bloß die Entstehungsgeschichte der Humuskohlen, sondern auch noch die der Sapropelite verfolgen.

Bei grober Analyse läßt sich Rohtorf in folgende Bestandteile leicht einteilen:

Bei Trocknung des Rohtorfes unter solchen Bedingungen, welche eine Veränderung seiner organischen Masse ausschließen, kann man sein ganzes Wasser entfernen und erhält den sogenannten absolut trockenen Torf, aus welchem Benzolalkohol das Bitumen entzieht, welches eine Mischung von Wachsen, Fettsäuren, Harzen und Kohlenwasserstoffen darstellt. Bei der Behandlung des bitumenfreien Rückstandes mit heißem Wasser wird eine Reihe von Substanzen ausgezogen, die man wasserlösliche Substanzen nennt. Der im Wasser unlösliche Rückstand wird mit Hilfe von Wasseralkalien in alkalilösliche Huminsäuren und eine alkaliunlösliche faserige Masse, die aus Zellulose und einer nicht hydrolysierbaren Substanz besteht, zerlegt. Für die Torfe, die aus Anhäufungen der Holzsubstanz entstanden sind, stellt diese nicht hydrolysierbare Substanz das Lignin mit allen eigentümlichen Reaktionen vor; jedoch für Torfe, denen als Muttersubstanz Moose gedient hatten, waren die Botaniker noch unlängst geneigt, diese nicht hydrolysierbare Substanz nicht für Lignin zu halten, da sie unter dem Mikroskop keine entsprechenden Reaktionen gab. Heute sind genügend Gründe vorhanden, um auch die nicht hydrolysierbare Substanz der Sphagnummoose und deren Torfe zu den Ligninen zu zählen.

Eine dunkelbraun gefärbte alkalische Lösung der Huminsäuren scheidet bei der Einwirkung eines Überschusses an Mineralsäure die im Wasser unlöslichen Huminsäuren aus. Das Filtrat der Huminsäuren enthält außer den Mineralsalzen noch eine gewisse Menge organischer Säuren gelöst.

Chemisch sind also folgende Bestandteile des Torfes zu untersuchen:

1. Wasser und
2. den Trockenrückstand, der enthält:
3. Bitumina,
4. im Wasser lösliche Substanzen,
5. Huminsäuren und deren Salze,
6. organische Säuren und deren Salze,
7. Zellulose und
8. Lignin.

Die mineralischen Bestandteile des Torfes, die nach der Verbrennung als Asche zurückbleiben, verteilen sich bei obiger Zergliederung auf die angegebenen Einzelstoffe.

Von allen diesen Bestandteilen widmeten die Forscher dem Torfwasser, dem als Brennstoff in Frage kommenden Rückstand und den Huminsäuren die meiste Aufmerksamkeit; die übrigen Bestandteile blieben bis jetzt unerforscht. Die Huminsäuren wurden hauptsächlich von den Agronomen als eines der Bestandteile des Bodens untersucht, neuerdings hat aber Sven Odén diese Säuren als wichtigsten Bestandteil des Torfes erforscht. Das Interesse für das Studium der Huminsäuren begann sich besonders seit Franz Fischers und H. Schraders Veröffentlichung der Lignintheorie über Herkunft der Kohlen zu regen. Während Sven Odén und etwas später Wo. Ostwald hauptsächlich auf die kolloide Natur der Huminsäuren ihre Aufmerksamkeit richteten, arbeitete man im Institut Franz Fischer an den Fragen der chemischen Struktur dieser Säuren und untersuchte die Verwandtschaft zwischen diesen und dem Lignin. Heute haben wir dank diesen Forschungen eine reichhaltige Literatur über die Huminsäuren, deren Natur und Eigenschaften jetzt sehr gründlich aufgedeckt sind.

Das Torfwasser erregte aus einem sehr verständlichen Grunde schon seit langem das Interesse der Forscher. Die Wasserabführung aus dem Torf auf künstlichem Wege stieß auf unüberwindbare Schwierigkeiten, dieser Brennstoff wurde durch das Wasser entwertet, auch wenn er der Zusammensetzung der organischen Masse und dem geringen Aschengehalt nach gut war. Die natürliche Trocknung des Torfes stellte sich zu teuer und sicherte nicht die Stabilität des Betriebes. Daraus werden die Bemühungen der Forscher begreiflich, die Natur des im Torfe enthaltenen Wassers zu enträtseln und ein Verfahren zu dessen Beseitigung auf künstlichem Wege zu finden.

Die Lösung dieser Frage kam lange Zeit trotz aller hierauf gerichteten Bemühungen der Praktiker nicht von der Stelle. Die Natur des im Torf enthaltenen Wassers blieb ungeklärt, bis endlich die Kolloidchemie die nötigen Erfolge erzielte. Erst dann wurde es möglich, die Eigenschaften des Torfwassers und den Charakter ihrer Verbindung mit der Torfmasse festzustellen, was denn auch von Wo. Ostwald und seinen Mitarbeitern erreicht wurde. Die Kolloidchemie wies die Richtung, die man einzuschlagen hat, um die Verfahren für künstliche Torfentwässerung zu finden. Solange ein solches Verfahren nicht gefunden ist, kann man seitens der Praktiker auch kein reges Interesse für die anderen Bestandteile des Torfes erwarten. Es unterliegt keinem Zweifel, daß Torf nur dann der chemischen Industrie als Rohstoff dienstbar sein wird, wenn seine Gewinnung vom Wetter unabhängig erfolgt und er aufhört, Saisonware zu sein. In diesem Sinne können alle Fragen der Veredelung des Torfes, der Extraktion der Bitumina, der Zubereitung von Koks und Teer, Gas und Teer zur praktischen Lösung erst nach Beantwortung der Hauptfrage, wie Torf künstlich zu entwässern sei, in Angriff genommen werden. Deshalb sind die Bestrebungen der Gelehrten und Ingenieure, vor allem für diese Frage eine günstige Lösung zu finden, einleuchtend. Verständlich sind auch die großen Kapitalaufwendungen westeuropäischer Geldleute in dieser Sache und die bedeutenden Aufwände seitens der Staaten für die Lösung des Problems der künstlichen Torfentwässerung.

Der trockene Rückstand, der hauptsächlich die Wärmetechniker interessierte, wurde einer eingehenden chemischen und physikalisch-chemischen Untersuchung nicht unterworfen. Er wurde nur auf seinen Gehalt an Asche, Schwefel, flüchtigen Bestandteilen und Koks analysiert. Verhältnismäßig selten wurden diese Angaben durch Werte für Kohlenstoff-, Wasserstoff- und Stickstoffgehalt ergänzt. Auf diesem Gebiet ist eine große Menge an Versuchsmaterial zusammengekommen, deren Wert leider in vielen Fällen nicht erheblich ist.

Die Torfbitumina sind nicht nur unerforscht geblieben, sondern wurden nicht einmal einer Charakteristik unterzogen. Uns standen nur fragmentare Angaben über die Quantität der Substanzen, die aus dem Torf mit verschiedenen organischen Lösungsmitteln extrahiert werden können, zur Verfügung. In den letzten Jahren sind allerdings unsere Kenntnisse auf diesem Gebiet wesentlich gefördert worden.

Die Zellulose des Torfes wurde quantitativ mehrmals bestimmt, doch haben die empfohlenen Methoden zu keinen genauen Ergebnissen geführt. In jüngster Zeit hat K. Heß eine gute Bestimmungsmethode für die Zellulose ausgearbeitet und den Weg für die weiteren Untersuchungen auf diesem Gebiet angegeben.

Die mit Wasser extrahierten Torfbestandteile wurden quantitativ nicht bestimmt, auch ihr qualitativer Bestand ist nicht untersucht worden. In den gewöhnlichen Torfbildnern haben, wie schon erwähnt, botanische Reaktionen das Lignin, welches nach Fr. Fischers und H. Schraders Theorie für das Ausgangsmaterial bei der Bildung von Huminsäuren gehalten wird, nicht entdeckt. Diese durch Botaniker festgestellte Abwesenheit des Lignins in den Torfbildnern wurde als einer der Einwände gegen die Lignintheorie der Entstehung der Humuskohlen erhoben. Auch in den typischen Sphagnumtorfen ist Lignin nicht konstatiert worden. Die letzten Jahre brachten uns einige neue und interessante Ergebnisse auf diesem Gebiete: die torfbildenden Moose und Sphagnumtorfe enthalten nicht das gewöhnliche, uns gut bekannte Lignin, wohl aber eine ihm verwandte Substanz, die unter der Wirkung der Salzsäure (spez. Gew. 1,22) nicht hydrolysierbar ist.

Die genannten Bestandteile würden uns eine vollständige Charakteristik des Torfes liefern können, wenn sie genügend erforscht wären, was aber nicht zutrifft. Deswegen kommen unsere Kenntnisse über die Produkte der thermischen Torfzersetzung als wesentliche Ergänzungen zu diesen Angaben in Frage.

Die Kenntnis der Zusammensetzung und der Eigenschaften des Torfes aus verschiedenen Lagerstätten, wie auch aus verschiedenen Schichten eines und desselben Moores gestattet uns, den Hergang der allmählichen Umwandlung des pflanzlichen Materials in eine Mischung von Bitumina und Huminsäuren, d. h. in eine typische Braunkohle zu begreifen. Indem wir diese Umwandlungen in den Torfmooren erforschen, decken wir schließlich die erste Hälfte der Braun- und Steinkohlegeschichte auf, was zweifellos zu einem vollständigeren Verständnis der chemischen Natur aller Arten der festen Brennstoffe führen wird.

Abgesehen vom oben Erwähnten hat die Torf- und Torflagerforschung noch eine spezielle wirtschaftliche Bedeutung sowohl für die Sowjetunion als auch für einige andere Staaten. In der Sowjetunion wird Torf schon seit langer Zeit als Brennstoff benutzt, und seine Gewinnung steigt von Jahr zu Jahr. Es unterliegt keinem Zweifel, daß dieser minderwertige Brennstoff bald einer verschiedenartigen Bearbeitung zur Erzielung eines hochwertigeren und transportablen Brennstoffes unterworfen werden wird. Außerdem kommen einige Torfarten in nächster Zukunft als Ausgangsmaterial für eine Reihe wertvoller Fabrikate in Frage. Es leuchtet ein, daß die Aufgaben der Veredelung und Verarbeitung des Torfes nur nach umfassender Erforschung der

Zusammensetzung und der Eigenschaften der Rohtorfe eine wirkliche
Lösung erfahren können.

Kapitel I.
Das Wasser im Torf.

Im natürlichen Zustand enthält Torf 85 Proz. (trockenes Moor)
bis 91 Proz. (feuchtes Moor) Wasser. Ein Teil des Wassers kann durch
einfaches Abpressen entfernt werden. Bei jüngeren, schwach zersetzten
Torfarten läßt sich das Wasser verhältnismäßig leicht abpressen, ist
gelb gefärbt und enthält wenig aufgelöste Bestandteile. Gut zersetzter
Torf scheidet beim Abpressen sehr wenig Wasser aus, das braun gefärbt
ist und beträchtliche Mengen organischer Bestandteile in aufgelöstem
Zustand enthält. Hochgradig zersetzte Torfmasse gibt sogar unter dem
Druck einiger zehn Atmosphären gar kein Wasser ab; statt des Wassers
dringt durch ein dünnes Filtergewebe eine mikroskopisch einheitliche
braune Masse stark wasserhaltiger Huminsäuren und deren Salze durch.

Das Wasser, welches sich ohne wesentlichen Verlust an organischen
Bestandteilen durch Abpressen vom Torf trennen läßt, wollen wir ab-
preßbares Wasser nennen.[1]

Alles Wasser, welches der Torf beim Abpressen zurückbehält, wollen
wir kolloidgebundenes Wasser[2] nennen.

Wenn man den abgepreßten Torf in einen Raum mit gesättigtem
Wasserdampf bringt, dann wird er entwässert und verliert dabei sein
Wasser mit einer bestimmten Geschwindigkeit. Dieser Verlust des
Torfes an Wasser dauert so lange fort, bis der Torf mit dem Wasser-
dampf im Raum ins Gleichgewicht gekommen ist, d. h. bis die abneh-
mende Dampfspannung des Torfwassers die Dampfspannung reinen
Wassers bei bestehender Temperatur erreicht hat. In diesem Sinne ist

---

[1] Wir betonen noch einmal, daß das aus dem Torf abgepreßte Wasser
eine Lösung darstellt, in welcher man alle Grade von molekulardispersen
Stoffen bis zu groben Suspensionen vorfindet; der Kürze und Gewohnheit halber
nennen wir diese Lösung Wasser.

[2] Hier wird nicht ganz genau ein von Wo. Ostwald eingeführter Ausdruck benutzt. Wo. Ostwald hat mit Recht darauf hingewiesen, daß die
Torfmasse, die eine grobe Mischung stark wasserhaltiger Gele von Huminsäuren mit Pflanzenresten darstellt, die Eigenschaft besitzt, Wasser wie ein
Schwamm aufzusaugen. Dieses Wasser, welches vom Torf aufgesogen wird,
nannte Wo. Ostwald „Kapillarwasser" und unterschied es vom kolloidgebundenen Wasser. Da man aber dieses Wasser nicht vollständig durch
Pressen entfernen kann und auch kein Verfahren kennt, um dieses Wasser
genau zu bestimmen, so fällt es in Praxis schwer, zwischen Kapillarwasser und
kolloidgebundenem Wasser eine Grenze zu ziehen. In unserer Einteilung wird
das Kapillarwasser dem kolloidgebundenen Wasser teilweise angereiht.

das Verhalten des Torfes völlig analog dem der anderen Hydrogele.[1]) Jenes kolloidgebundene Wasser, welches der Torf bei seiner Aufbewahrung in einem mit Wasserdampf gesättigten Raum verliert, wollen wir Quellungswasser nennen. Wasser, welches der Torf bei seiner Aufbewahrung in einem mit Wasserdampf gesättigten Raum zurückbehält, heißt Adsorptionswasser. Diese letzte Art kolloidgebundenes Wasser läßt sich genau bestimmen. Der Torf, welcher mit dem gesättigten Dampf ins Gleichgewicht gekommen ist, muß bei 60—70° im Vakuum bis zu einem konstanten Gewicht ausgetrocknet werden, der Verlust im Gewicht ergibt die Menge des Adsorptionswassers.

Der Anteil des Adsorptionswassers, das vom Torf in einem mit Wasserdampf gesättigten Raum zurückbehalten wird, schwankt in ziemlich engen Grenzen zwischen 34 Proz. und 43 Proz. Für russische Torfe wurden folgende Zahlen ermittelt[2]): 1. Sphagnumtorf aus dem Moor „Elektroperedatscha" aus der Tiefe von 0,75 m enthielt 34,6 Proz. Adsorptionswasser; 2. derselbe Torf aus der Tiefe von 1,2 m enthielt 37,7 Proz.; 3. Sphagnumtorf des Moores Ljapinskoje aus der Tiefe von 0,75 m enthielt 34,7 Proz.

Sven Odén[3]) fand, daß bei einer Wasserdampfspannung von 15 mm Quecksilber und bei Zimmertemperatur die Torfe folgende Mengen Adsorptionswasser enthalten: saurer Moorhumus = 34,9 Proz. und „Sphagnumhumus" = 43,4 Proz.

Wenn man den Torf, der mit dem gesättigten Dampf ins Gleichgewicht gekommen ist, in einen Raum mit geringerer Dampfspannung überträgt, dann beginnt er wieder Wasser zu verlieren, bis er den neuen Gleichgewichtszustand erreicht hat; bei einer Übertragung des Torfes in einen Raum mit noch geringerer Dampfspannung wird er wieder Wasser abgeben usw. Schließlich wird in einem von jedweder Dampfspannung freien Raum (im Exsikkator über reiner Schwefelsäure) der Torf sein Wasser so lange verlieren, bis eine vollständige Entwässerung eingetreten ist. Überträgt man nun den auf diese Weise entwässerten Torf nach und nach in Räume mit steigender Dampfspannung, so wird er sich mehr und mehr wieder wässern. Allein die neu aufgenommenen Wassermengen, die jeder bestimmten Dampfspannung entsprechen, werden nicht den Mengen gleichkommen, welche der Torf bei derselben Dampfspannung während des Entwässerungsprozesses enthalten hatte; beim Bewässerungsprozeß wird der entwässerte Torf weniger Wasser

---

[1]) P. v. Schröder, Zeitschr. f. physik. Chem. **45**, 109 (1903).
[2]) G. L. Stadnikoff, Hydrotorf (Moskau 1923), 310.
[3]) S. Odén, Kolloidchem. Beih. **11**, 253 (1919).

adsorbieren. In dieser Beziehung ist das Verhalten des Torfes analog dem anderer Kolloide. Bei ihm decken sich die Kurven der Ent- und Bewässerung ebensowenig wie bei der Kieselsäure[1]) und Stärke[2]) (Fig. 1).

Torf weist jedoch auch einige Unterschiede von Kolloiden wie Stärke auf. Bei letzterer gehen die Kurven der Ent- und Bewässerung in der Mitte auseinander, treffen aber an den äußersten Punkten wieder zusammen. Beim Torf aber wird die Entwässerungskurve nie mit der

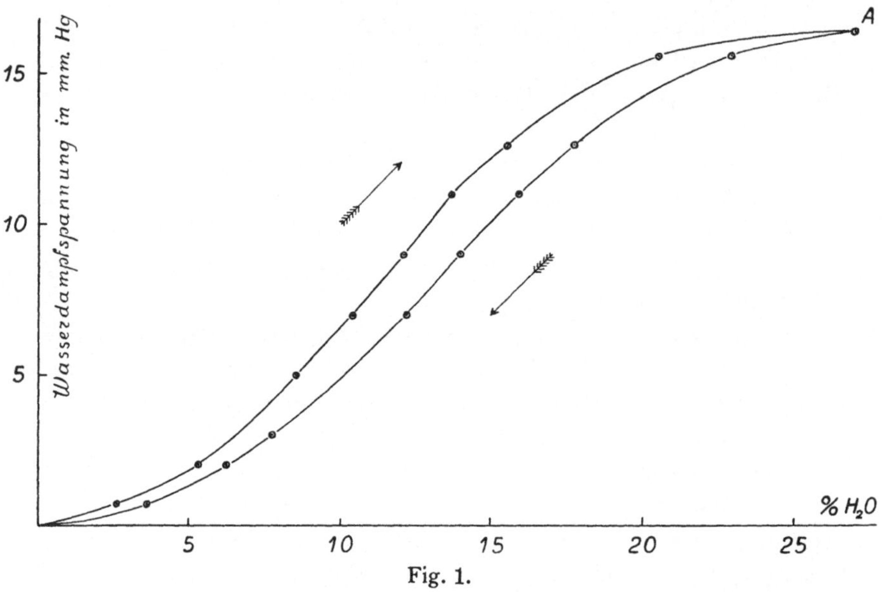

Fig. 1.

der Bewässerung zusammenfallen, da sich der äußerste Punkt der Bewässerungskurve, welcher der maximalen Dampfspannung in der räumlichen Umgebung entspricht, bei jedem neuen Bewässerungsversuch wegen der verminderten Fähigkeit des ausgetrockneten Torfes, Wasserdampf zu adsorbieren, immer nach links verschieben wird (zum Ordinaten-Anfangspunkt). Das Auseinanderlaufen beider Kurven wird um so größer, je weiter die Entwässerung ausgeführt wurde. Torf, der künstlich bei erhöhter Temperatur oder auf natürlichem Wege an heißen sonnigen Tagen getrocknet wurde, bewahrt nur in geringem Maß die Fähigkeit, Wasserdämpfe zu adsorbieren, und entzieht der Luft an trüben Herbsttagen so gut wie keine Feuchtigkeit. Torf muß folglich der Klasse

---

[1]) Van Bemmelen, Die Absorption (1910), 211.
[2]) A. W. Rakowsky, Zur Kenntnis der Adsorption (russisch) (1913), 22.

der irreversibel eintrocknenden Kolloide eingereiht werden. Der Trocknungsprozeß des Torfes erinnert lebhaft an einen solchen des Grases zwecks Erzielung von Heu, das ja auch ein irreversibel eintrocknendes Kolloid darstellt, welches die Fähigkeit, Wasserdämpfe aus der feuchten Atmosphäre zu adsorbieren und beim Eintauchen in Wasser aufzuquellen, fast vollständig eingebüßt hat.

Torf, welcher in einem feuchten Sommer trocknete und nur bis 35—40 Proz. Feuchtigkeit entwässert wurde, bewahrt sich im hohen Maß die Fähigkeit zur Adsorption der Wasserdämpfe und kann auch deshalb in Herbstmonaten an Feuchtigkeit wesentlich zunehmen.

Selbstverständlich wird die Fähigkeit zur Adsorption der Wasserdämpfe ceteris paribus von der Herkunft des Torfes, seinem Zersetzungsgrad und dem Verarbeitungsverfahren abhängen. Somit hängt die Menge des Adsorptionswassers im Torf von seiner Natur sowie seiner Geschichte und von der Dampfspannung im betreffenden Raum ab.

Die Frage, in welcher Weise Elektrolyte die Fähigkeit der Kolloide, Wasserdämpfe aus der räumlichen Umgebung zu adsorbieren, beeinflussen, ist bisher ungelöst geblieben. Speziell vom Torf wissen wir nur, daß die Behandlung mit Ätzkalk seine Fähigkeit, Wasserdämpfe zu adsorbieren, steigert, wie dies aus den Ergebnissen von Sven Odén[1]), die in der Tabelle III enthalten sind, ersichtlich wird.

Tabelle III.

Dampfspannung in Millimeter Hg	Gehalt an Absorptionswasser im Torf, Proz.					
	Nr. 6		Nr. 8		Nr. 50	
	Natürlich	Behandlung mit Kalk	Natürlich	Behandlung mit Kalk	Natürlich	Behandlung mit Kalk
15,0	17,4	22,5	34,8	46,8	49,2	54,5
14,5	15,5	18,5	32,3	37,8	45,0	48,2
13,9	14,0	16,1	29,7	33,1	40,8	41,5
12,9	12,2	14,0	26,8	28,1	35,7	35,9
11,6	10,8	11,8	23,1	23,6	30,5	30,7
6,3	6,0	7,5	14,1	14,7	19,0	19,1
0,7	1,9	2,9	5,1	5,6	6,8	7,2

Mit wohlbegründetem Recht ist zu erwarten, daß durch die Behandlung des Torfes mit Mineralsäuren seine Fähigkeit, Wasserdämpfe zu adsorbieren, gesteigert wird. Doch stößt das experimentelle Erforschen

---

[1]) Sven Odén, Kolloidchem. Beih. **11**, 75 (1919); G. Stadnikoff, Hydrotorf (1923), 315.

dieser Frage beim Arbeiten im üblichen Laboratoriumsverhältnis auf eine Reihe von Hindernissen. So hatte man z. B. Mißerfolg mit den Versuchen, die den Einfluß der Koagulation des Torfes mit Gips auf seine Fähigkeit, Wasserdämpfe zu adsorbieren[1]), prüfen sollten. Bei Entwässerung kleiner Schichten koagulierten und nichtkoagulierten Torfes in Exsikkatoren mit bestimmter Dampfspannung geht der Vorgang normal vonstatten, nur werden zu kleine Zahlen für den Wasserverlust des Torfes erzielt, und die Differenz zwischen diesen Zahlen liegt im Bereich möglicher Versuchsfehler. Aus diesen Zahlen ist man daher außerstande, irgendeinen ganz bestimmten Schluß zu ziehen. Bei Entwässerung großer Torfmengen unter den gleichen Verhältnissen haben die Schwefelsäurelösungen in den Exsikkatoren nicht genügend Zeit, um die aus dem Torf ausgeschiedenen Wasserdämpfe zu absorbieren; das Ergebnis ist ein starker Überdruck statt desjenigen, welcher der gegebenen Schwefelsäurelösung entsprechen sollte. In solchem Fall fehlt uns die Gewißheit, ob die vergleichenden Torfmengen auch unter gleichen Feuchtigkeitsverhältnissen der räumlichen Umgebung trocknen.

Wenn man Torf, welcher mit dem raumsättigenden Wasserdampf ins Gleichgewicht gekommen ist, in Wasser versenkt, so wird er das Wasser einziehen und im Volumen zunehmen. Die Aufnahme des Wassers ist nicht nur durch den Quellungsvorgang in den Torfkolloiden bedingt, sondern auch durch den Vorgang der kapillaren Einsaugung. Wir sind außerstande, eine scharfe Scheidelinie zwischen der Quellung des Torfes und der kapillaren Einsaugung zu ziehen, da uns bis jetzt kein Verfahren zu Gebote steht, das Quellungswasser für eine so komplizierte Mischung der Kolloide wie Torf exakt zu bestimmen. Es muß hervorgehoben werden, daß eine Feststellung des Quellungswassers sogar bei einzelnen Gelen vielen Schwierigkeiten ausgesetzt und mit großen experimentellen Fehlern verbunden ist.

Eine allgemeine Beschreibung des Quellungswassers der Kolloide, ermöglicht bestimmte Schlüsse für das Torfwasser zu ziehen, die dann durch Beobachtungen aus der Praxis der industriellen Torfgewinnung geprüft werden können. Jedes Kolloid, das in einem mit Wasserdampf gesättigten Raum das Gleichgewicht erreicht hat, wird überhaupt immer noch flüssiges Wasser aufsaugen. Die einen Kolloide saugen das flüssige Wasser nur bis zu einem gewissen Sättigungsgrad auf und erreichen den Zustand eines bestimmten Gleichgewichts; das sind die sogenannten begrenzt quellenden Kolloide. Andere Kolloide ziehen eine unbegrenzte Wassermenge in sich ein und gehen

---

[1]) G. L. Stadnikoff, Hydrotorf (1927), 90.

allmählich in eine kolloide Lösung über (Hydrosol); das sind die unbegrenzt quellenden Kolloide. Zu den ersten Kolloiden gehören Holzfaser, Zellulose, Stärke, Metalloxyde usw.; zu der zweiten Gummiarabicum, Albumin, lösliches Molybdänoxyd. Letztere Kolloide beginnen beim Liegen im Wasser sofort zu quellen, schmelzen gleichsam an der Oberfläche und gehen allmählich in eine Lösung über (Hydrosol).

Schon 1880 gab Hugo de Vries in seinem Lehrbuch über Physiologie folgende Darstellung der Quellungsvorgänge für feste Kolloide (Gele).

1. Ein mikroskopisch homogenes Gel nimmt bei Berührung mit flüssigem Wasser große Wassermengen in sich auf; dabei wird die mikroskopische Homogenität des Gels nicht zerstört.

2. Bei einer Quellung (Imbibition) steigert sich bedeutend das Volumen des Gels bis aufs Dreifache und mehr; in dieser Hinsicht unterscheidet sich die Imbibition wesentlich von einer Wassereinsaugung durch einen porösen Körper, welcher im Volumen nicht zunimmt.

3. Bei Austrocknung verringert sich das Volumen des angequollenen Geles entsprechend dem Wasserverlust.

4. Die angequollenen Gele besitzen im Verhältnis zu ungequollenen eine größere Elastizität; ursprünglich hart und brüchig werden sie dann weich und geschmeidig.

Solcher Art ist der Verlauf der Imbibition, wenn die Gele mit reinem Wasser in Berührung kommen. Wenn man aber die Gele mit dieser oder jener Elektrolytlösung in Berührung bringt, dann kann sich der Charakter der Imbibition stark verändern. Die begrenzt quellenden Gele können unter dem Einfluß des im Wasser aufgelösten Elektrolyts die Fähigkeit erhalten, unbegrenzt bis zum vollständigen Übergang in Sole anzuquellen (Peptisationserscheinung). Unter dem Einfluß eines anderen Elektrolyts können die unbegrenzt quellenden Gele sich in begrenzt quellende umwandeln. Einige Sole scheiden unter dem Einfluß der hinzugefügten Elektrolytlösung das Kolloid als Niederschlag aus.

Auf Grund der Untersuchungen von M. H. Fischer[1] kann man folgende Sätze über die Einwirkung der Elektrolytlösungen auf hydrophile Gele aufstellen: Säuren und alkalische Lösungen bringen bei vielen Gelen die eventuell nicht vorhandene Fähigkeit zur Quellung hervor und steigern in hohem Maße die bestehende. Dabei quellen die Gele mit basischem Charakter in saurer Lösung stark an und Gele mit

---

[1] Martin H. Fischer, Das Oedem (Dresden 1910).

14

saurem Charakter in alkalischer Lösung. Gele mit amphoterem Charakter (Proteine) reagieren gut mit Säuren und alkalischen Lösungen. Neutrale Salze setzen die Fähigkeit der Kolloide, flüssiges Wasser aufzusaugen, im allgemeinen herab.

Ein Temperaturwechsel wirkt gleichfalls auf den Quellungsvorgang stark ein; eine Temperaturerhöhung steigert zuweilen die Quellungsfähigkeit des Kolloids (Gelatine, Stärke), manchmal aber setzt sie diese Fähigkeit herab. In manchen Fällen (Eiweißstoffe) bewirkt eine Erwärmung der Kolloidlösung (Sole) eine Ausscheidung des festen Kolloids aus der Lösung. Eine Herabsetzung der Temperatur (Gefrieren) bewirkt bei Kolloiden gewöhnlich eine Schwächung der Quellungsfähigkeit (Eisenoxyd, Huminsäuren). Einige Gele bewahren nach einer Entwässerung ihre Quellungsfähigkeit; das sind die sogenannten umkehrbaren Kolloide. Andere Gele verlieren nach der Entwässerung entweder vollständig ihre Quellungsfähigkeit oder bewahren sie nur in geringem Maß; das sind die unumkehrbaren Kolloide.

Torf stellt eine Mischung verschiedener Kolloide dar (Zellulose, Holzfaser, Lignin, Huminsäuren), die im Wasser begrenzt anquellen. Von diesen Kolloiden besitzen nur die braungefärbten Huminsäuren die Fähigkeit, stark anzuquellen und große Wassermengen zu binden. Bei einer Quellung bewahren die Huminsäuren wie auch die übrigen Kolloide ihre mikroskopische Homogenität. Letzterer Umstand ist von großer praktischer Bedeutung.

Beim Abpressen des Torfes in verschiedenen mechanischen Pressen haben wir es mit Filtrierflächen zu tun, die makroskopische Löcher enthalten. Es ist ganz klar, daß man durch Pressung auch nicht einen Teil des Wassers aus den angequollenen mikroskopisch homogenen Gele entfernen kann, da diese Gele unbehindert und ohne irgendwelche Veränderungen durch die makroskopischen Löcher der Filtrierfläche durchdringen können.

Das vereitelt alle Versuche, gut zersetzten Torf mit großem Huminsäuregehalt nur mit Hilfe mechanischen Abpressens zu entwässern. Auf diese Art gelingt es allerdings zuweilen, die Feuchtigkeit des Torfes stark herabzusetzen, doch wird dies nicht durch die Entfernung großer Wassermengen erzielt, sondern durch den Verlust des Torfes während des Abpressens an stark wasserhaltigen und wärmetechnisch besonders wertvollen Huminsäuren, welche beim Pressen durch die Poren der Filtrierfläche durchdringen. Einige Beispiele über das Abpressen rohen Torfes werden diese Behauptung bestätigen. Die Ergebnisse eines solchen Abpreßversuches sind in den Tabellen IV, V und VI zusammengestellt.

Tabelle IV.

Sphagnumtorf aus dem Moore „Elektroperedatscha".[1]

Torf, g	250	250	250	250
Druck in Atm.	25	50	75	100
Brikettgewicht, g	141	115,5	77,5	39,7
Trockensubstanz im Brikett, Proz.	18,2	20,9	24,8	37,3
Torfverlust, Proz.	0,0	5,9	25,0	42,2

Tabelle V.

Sphagnumtorf aus dem Moore Ljapinskoje. In der Nähe der Stadt Jaroslaw.

Torf, g	300	300	300	300
Druck in Atm.	25	50	75	100
Brikettgewicht, g	180	155	107	68
Trockensubstanz im Brikett, Proz.	16,2	18,1	20,9	27,3
Torfverlust, Proz.	0,0	3,7	23,3	36,3

Tabelle VI.

Carextorf aus dem Moore Sabelitzkoje, in der Nähe der Stadt Jaroslaw.

Torf, g	250	250	250	250
Druck in Atm.	25	50	75	100
Brikettgewicht, g	116	115	75,8	43,2
Trockensubstanz im Brikett, Proz.	29,2	30,0	36,7	39,9
Torfverlust, Proz.	0,0	0,0	17,9	49,2

Gut getrockneter Torf quillt beim Eintauchen in Wasser nicht mehr an, da er eine Mischung irreversibel trocknender Kolloide darstellt. Aus diesem Schwund der Quellungsfähigkeit läßt sich die Möglichkeit erklären, aufgestapelten Torf im Freien aufzubewahren. Wenn der Torf umkehrbar trocknen würde, dann müßten die Stapel in den Herbstmonaten sowohl durch Adsorption, als auch durch Quellung[2] vollständig durchnäßt werden. Die Unumkehrbarkeit des Entwässe-

[1] Beim Abpressen unter einem Druck von 25 Atm. ist der Substanzverlust als 0 angenommen; doch fand in diesem Fall ein gewisser Verlust statt, da trübes Wasser abgepreßt wurde.

[2] Bekanntlich saugt getrockneter, gut zersetzter Torf beim Versenken in Wasser bedeutende Wassermengen (10—20 Proz. seines Gewichtes) auf. Da beim Wasseraufsaugen keine erhebliche Vergrößerung des Torfvolumens beobachtet wird, so muß man diesen Vorgang als ein Wasseraufsaugen durch den porösen Körper, nicht aber als eine Quellung ansehen. Tatsächlich ist auch der Soden um so kompakter und saugt um so weniger Wasser auf, je besser der Torf zersetzt ist; schwachzersetzter faseriger Torf saugt sehr viel Wasser auf.

rungsprozesses beim Torf macht es möglich, mit ihm große Brennstoffvorräte anzulegen und diese im Freien zu lagern. Doch ist die Entwässerung des Torfes bis zum lufttrockenen Zustand mit einer ganzen Reihe Schwierigkeiten verknüpft.

Die Torftrocknung an der Luft verläuft sehr langsam und erleidet sehr oft durch Witterungsumschläge Störungen. Eine Entwässerung des Torfes durch künstliche Nachtrocknung ist nicht möglich, da man für diesen Prozeß an trockenem Torf mehr verbrauchen müßte, als man erhielte. Eine Entfernung des Wassers aus dem Torf durch mechanisches Abpressen bleibt erfolglos wegen der Anwesenheit stark gequollener Huminsäuren in der Torfmasse, die beim Abpressen kein Wasser abgeben, selbst aber, wie schon erwähnt ist, durch die Poren der Filtrierfläche durchdringen. Offenbar ist es geboten, um eine künstliche Entwässerung des Torfes zu erzielen, seine kolloide Natur zu verändern und seine Fähigkeit, große Mengen kolloid-gebundenen Wassers aufzustapeln, zu verringern, wie u. a. Wo. Ostwald schon hervorgehoben hat.

Von physikalischen Verfahren, welche die kolloide Natur des Torfes wesentlich verändern, kennt man drei Arten: Gefrieren, Erwärmung und eventuell Elektro-Osmose.

Die Wirkung des Gefrierens auf stark wasserhaltige Kolloide macht sich bemerkbar durch die Herabsetzung ihrer Fähigkeit, große Quellungswassermengen zu halten. Die zum Gefrieren gebrachten Gele weisen nach ihrem Auftauen einen erheblichen Rückgang im Volumen auf, geben beim Filtrieren leicht Wasser ab und verstopfen nicht die Poren des Filters (das beste Beispiel ist vielleicht Eisenhydroxyd). In analoger Weise wirkt das Gefrieren auch auf die Torfmasse. Diese Erscheinung wurde nicht speziell untersucht, alle unsere Kenntnisse sind praktischer Erfahrung entlehnt. Jedem Torffachmann ist zur Genüge bekannt, daß ein Torfsoden, der bis zum Eintritt der Kälte schlecht getrocknet war, im Frühjahr leicht zu Pulver zerfällt, wenn er aus gut zersetztem Torf zubereitet war, oder sich in eine lockere, schwammige Masse verwandelt, wenn der betreffende Torf viel Faserstoffe enthalten hatte. Durch Gefrieren verwandelt sich die klebrige, leicht zusammenkittende Torfmasse in ein grobkörniges Gebilde, welches leicht von dem ihm anhaftenden Wasser befreit werden kann; die körnige Masse dringt beim Abpressen durch die Poren der Filtrieroberfläche nicht durch und gibt leicht Wasser ab. Diese Eigenschaft des gefrorenen Torfes empfahl Alexanderson[1] für die künstliche Entwässerung durch das Preßverfahren auszunutzen.

---

[1] DRP. 217 118 (1910).

Besonders eingehend wurde die Wirkung der Erwärmung auf die Veränderung der Torfeigenschaften untersucht. Ekenberg empfahl als erster, für die künstliche Entwässerung die Wirkung der Erwärmung bis auf 150—190 ^{0} auszunutzen. Ekenbergs Verfahren[1]) wurde in England im technischen Maßstabe geprüft, führte aber nicht zu positiven Ergebnissen; die Wärmebilanz fiel für dieses Verfahren sehr ungünstig aus.

Nach dem Weltkrieg begann, wegen der schweren Heizmittelkrise in Westeuropa, sich von neuem das Interesse für das Problem der künstlichen Torfentwässerung zu regen und im Anschluß daran auch für Ekenbergs Verfahren. Um dieses Problem Hand in Hand mit den Bemühungen der Ingenieure (ten-Bosch) durch Chemiker zu lösen, wurden genaueste Untersuchungen der Veränderungen vorgenommen, welche die Torfmasse bei einer Erwärmung bis 160—190 ^{0} erfährt.

Nach Wo. Ostwalds[2]) Ansicht gehen in der Torfmasse in den erwähnten Fällen zweierlei Veränderungen vor sich: erstens unterliegt ein Teil der Torfsubstanz einer hydrolytischen Spaltung und geht in eine Lösung über; zweitens werden die Torfkolloide einer Koagulation unterworfen und die Torfmasse verliert die Fähigkeit, die ursprünglichen Mengen kolloidgebundenen Wassers aufzunehmen.

Das Wasser, das aus dem mit überhitztem Dampf behandelten Torf (Pülpenwasser) abgepreßt wird, enthält nach Wo. Ostwald 0,665 Proz. Trockensubstanz. Bei einer Umrechnung von Wo. Ostwalds Zahlen erweist es sich, daß gegen 10 Proz. der Trockensubstanz des Torfes in eine Lösung übergegangen sind. Der Teil der höchstgequollenen Torfgele, meint Wo. Ostwald, wird einer hydrolytischen Spaltung unterworfen und geht dabei in die Lösung über. Dieser Ansicht Wo. Ostwalds kann ich nur teilweise zustimmen: zweifellos geht eine gewisse Menge Gele durch die Hydrolyse in Lösung über, wie schon äußerlich durch die tiefe schwarzbraune Färbung des Kochwassers zu erkennen ist, im Gegensatz zu dem nur gelblich gefärbten Preßwasser des ungekochten Torfes. Indessen ist ein großer Teil der aufgelösten Substanzen, wie unsere letzten Forschungen ergeben, im Torfwasser im molekulardispersen Zustand schon vor der Dampfbehandlung des Torfes enthalten, und muß ebenfalls berücksichtigt werden.

Torfgele, welche in die Lösung nicht übergegangen sind, haben ihre Eigenschaften stark verändert. Der mit Dampf behandelte Torf

---

[1]) DRP. 161 676 (1902).
[2]) Koll.-Zeitschr. **30**, 119 u. 187 (1922).

entwässert sich bei Zimmertemperatur mit konstanter Geschwindigkeit solange, bis er den lufttrockenen Zustand erreicht. Der Entwässerungsvorgang eines solchen Torfes drückt sich durch eine zur Achse der Abszissen geneigte gerade Linie aus, welche nach einer bestimmten Zeit scharf in eine andere Gerade übergeht, die parallel zur Achse der Abszissen verläuft. Ein solcher Entwässerungsvorgang weist darauf hin, daß der Torf die ganze Zeit Wasser von einer bestimmten Art, freies Wasser, verliert. Der einer Dampfbehandlung nicht unterzogene Torf entwässert sich unter den gleichen Verhältnissen mit wechselnder Geschwindigkeit; in diesem Falle wird der Entwässerungsvorgang durch eine zur Achse der Abszissen geneigte Gerade dargestellt, welche allmählich als parabolische Linie in die zur Abszissenachse parallel gezogene Gerade mündet.

Ein besonders scharfer Unterschied zwischen dem Verhalten des mit Wasserdampf behandelten und dem des natürlichen Torfes wurde von Wo. Ostwald in folgendem Versuch dargelegt: gleiche Mengen von dem einen und dem anderen Torf wurden im Mörser mit gleichen Mengen kristallinischem Kalziumchlorid ($CaCl_2 \cdot 6\,H_2O$) zerrieben. Der natürliche Torf ergab dabei keine wesentlichen Veränderungen. Aber der mit Wasserdampf behandelte Torf, der um 15 Proz. weniger Wasser enthielt, zerfloß trotzdem in eine sich feucht anfühlende Masse. Das spricht dafür, daß er auch freies Wasser enthielt und nicht bloß kolloid-gebundenes. Eine bestimmte Menge trockener Substanz des dampfbehandelten Torfes besitzt ein doppelt so geringes Volumen als die gleiche Menge trockener Substanz des natürlichen Torfes.

Die Veränderungen im Torf bei der Dampfbehandlung sind so bedeutend, daß die Huminsäuren teilweise sogar ihre Fähigkeit, sich in Laugen aufzulösen, einbüßen (Wo. Ostwald).

Das elektroosmotische Verfahren zur künstlichen Entwässerung des Torfes ist darauf gegründet, daß die negativ geladenen Teilchen des Torfes, welcher sich in einem Behälter befindet, sich am positiven Pol ansammeln, das Wasser aber am negativen, welcher ein Netzgeflecht darstellt. Die Torfteilchen, die sich am positiven Pol entladen, unterliegen der Koagulation und verlieren die Fähigkeit, die ehemalige Menge kolloidgebundenes Wasser festzuhalten; das vom Torf getrennte Wasser fließt durch das Netz, welches als negativer Pol diente.

Chemische Behandlungsverfahren für Torf, welche auf die Herabsetzung seiner Fähigkeit große Wassermengen zu halten gerichtet sind, laufen auf die koagulierende Wirkung verschiedener Elektrolyte auf die Torfmasse hinaus. Es ist jedoch äußerst schwierig, zuweilen sogar unmöglich, rohen plastischen Torf mit der Elektrolytlösung in enge Berührung zu bringen. Ohne eine vollständige Vermischung kann aber eine maximale Einwirkung des Elektrolyts auf die Torfkolloide nie gelingen. Daher ist man in all den Fällen, wo man für die Koagulation die Wirksamkeit einer Elektrolytlösung verwenden will, genötigt, eine verdünnte Torfmasse oder die Hydromasse zu gebrauchen, die man beim Abspritzen eines Lagers mit einem Wasserstrahl nach dem Verfahren von R. E. Klasson und W. D. Kirpitschnikoff[1] erhält; eine solche Hydromasse vermischt sich leicht mit der Elektrolytlösung, deren koagulierende Wirkung sofort einsetzt.

Um die Wirkung der Elektrolyte auf die Torfkolloide sichtbar zu machen, kann man sich entweder an die Geschwindigkeitsmessung der Wasserabgabe bei der Filtrierung der Mischung von Hydromasse und koagulierender Lösung halten, oder an den Entwässerungsgrad des vorher abfiltrierten koagulierten Torfes in der Hochdruckpresse. Das erstere Verfahren, Bestimmung der quantitativen Filtrationsgeschwindigkeit, wurde von Wo. Ostwald und A. Steiner[2] vorgeschlagen und bei Torfuntersuchungen benutzt. „Hydrotorf"[3] wandte beide Verfahren an.

Im Laboratorium von „Hydrotorf" wurde die koagulierende Wirkung verschiedenartigster Elektrolyte sowie der Sole von Eisenhydroxyd untersucht.[4] Letztere wurden vom Verfasser dieser Monographie eingeführt, damit in dem aus dem Torf abgepreßten Wasser die Anwesenheit freier Salzsäure vermieden wird, welche auf die Maschineneisenteile der Fabrik zerstörend eingewirkt hätten. Die vorzügliche Wirkung dieser Lösung auf die Torfkolloide konnte bisher keine recht befriedigende Erklärung finden.[5] Neuerdings hat die Forschung über die Eigenschaften der Humate eine Erklärung für diese interessante Erscheinung geliefert; diese Erklärung wird im Kapitel der Huminsäuren erörtert werden.

Die koagulierende Wirkung der Sole von Eisenhydroxyd tritt besonders scharf bei ihrem Vergleich mit der Wirkung der Elektrolytlösungen zu Tage. Die Ergebnisse der vergleichenden Filtrations-

---

[1] R. Klasson, Hydrotorf, VDY. **68**; G. Stadnikoff, Brennstoffchemie **6**, 271 (1925).

[2] Wo. Ostwald u. A. Steiner, Kolloidchem. Beih. **21**, 149 (1925): Wo. Ostwald, Koll.-Zeitschr. **36**, 46 (1925).

[3] G. L. Stadnikoff, Hydrotorf (1927), II. Teil, 20 u. flgde.

[4] G. L. Stadnikoff, Hydrotorf (1913), 141.

[5] Vgl. die Diskussion bei Wo. Ostwald, Die Welt der vernachlässigten Dimensionen (1927) 302.

versuche an der mit verschiedenen Lösungen koagulierten[1]) und mit
Wasser verdünnten (blinder Versuch) Hydromasse sind in der Tabelle VII

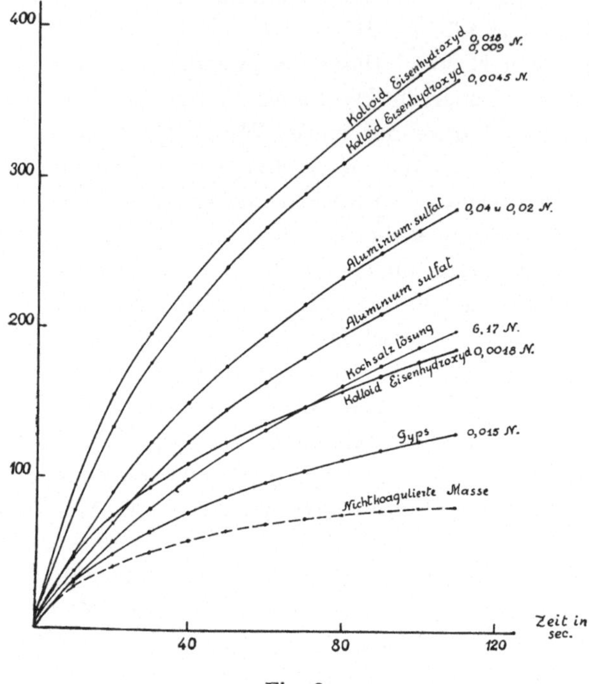

Fig. 2.

angegeben und im Diagramm (Fig. 2) dargestellt. Für diese Versuche wurden benutzt:

1. 0,2 Proz. Gipslösung,
2. 18 Proz. Kochsalzlösung,
3. 3,48 Proz. Lösung von Aluminiumsulfat,
4. 1,39 Proz. Lösung von Aluminiumsulfat und
5. Sole von Eisenhydroxyd mit 0,01, 0,025 und 0,10 Proz. Gehalt an Eisen in der Lösung.

Tabelle VII.

Lösung	Wasser	$CaSO_4$	NaCl	$Al_2(SO_4)_3 \cdot 18$ aq.		Fe_2O_3-Sol		
		0,2	18	1,39	3,48	0,01 Fe	0,025 Fe	0,1 Fe
Sekunden				Konzentration in Proz.				
10	26	28	30	39	50	45	80	95
20	44	50	60	71	90	76	134	150
30	55	65	80	100	124	95	174	195
40	61	75	100	125	150	110	210	230
50	65	86	119	146	176	125	240	260
60	69	95	135	164	197	139	270	285
70	71	105	150	181	219	150	290	305
80	75	112	164	196	235	160	310	330
90	78	120	175	211	251	170	330	350
100	80	127	190	225	266	180	350	370
110	82	132	200	238	280	188	365	385

[1]) G. L. Stadnikoff, Hydrotorf (1927), II. Teil, 26.

Aus Tabelle VII und dem Diagramm 2 ist zu ersehen, daß die kolloide Lösung von Eisenhydroxyd bei schwacher Konzentration (0,025 Proz. Fe) als aktivstes koagulierendes Agens dasteht. Sogar die Lösung von Aluminiumsulfat gibt bei erheblich größerer Konzentration einen relativ schwachen Effekt. Eine Konzentrationserhöhung der Kolloidlösung von Eisenoxyd über 0,025 Proz. Fe hinaus bewirkt keine wesentliche Beschleunigung der Filtration der betreffenden Torfart und ist daher überflüssig.

Der Einfluß der Koagulation der Torfmasse durch die kolloide Lösung von Eisenoxyd läßt sich scharf an der Wassermenge erkennen, die vom Torf bei erhöhtem Druck abgegeben wird.

Des Vergleiches halber wurde das Abpressen auch mit Torfmassen vorgenommen, welche mit anderen koagulierenden Lösungen behandelt worden waren. Die koagulierte Torfmasse kam nach erfolgter Filtration und Abpressen bis zum gleichen Feuchtigkeitsgrad (86,35 Proz.) in einer Menge von 150 g in die Presse und wurde einem Druck von 6 Atm. unterworfen. Das Ergebnis dieser Versuche ist in Tabelle VIII[1]) und im Diagramm (Fig. 3) angegeben.

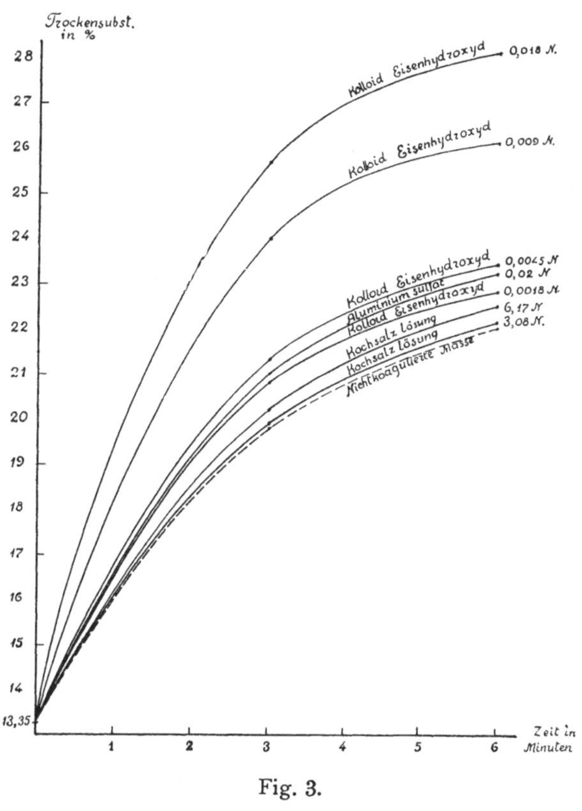

Fig. 3.

Wie aus den angeführten Daten ersichtlich, erweist sich auch in diesem Fall die Aktivität des kolloiden Eisenoxyds als maximal.

---

[1]) G. L. Stadnikoff, Hydrotorf (1927), 18.

Tabelle VIII.

Lösungen	Grammol in 1 Liter	Proz. der Trockensubstanz des Torfes	Trockensubstanzen im abgepreßten Torf, Proz.	
			Nach 3 Minuten	Nach 6 Minuten
Kolloid Fe_2O_3 . . .	0,018	1,87[1])	25,7	28,1
„ Fe_2O_3 . . .	0,009	0,93	24,0	26,1
„ Fe_2O_3 . . .	0,0045	0,46	21,3	23,4
„ Fe_2O_3 . , .	0,0018	0,187	20,8	22,8
Aluminiumsulfat . .	0,020	1,05	21,0	23,2
Natriumchlorid . . .	6,17	674,0	20,2	22,5
„ . . .	3,08	337,0	19,9	22,1
Ohne koagul. Lösung	—	—	19,8	22,0

Wo. Ostwald und A. Steiner[2]) haben für die Koagulation
der Torfkolloide die Anwendung von Chlor empfohlen, dessen Wirkung
auf der Bildung von Chlorwasserstoff in der Wasserlösung beruht,
welcher die Fähigkeit besitzt, die Torfmasse zu koagulieren. Diese
Erklärung Wo. Ostwalds und Steiners stützt sich auf
die Beobachtung, daß das Filtrat des mit Chlor koagulierten Torfes
kein freies Chlor enthält, die Anwesenheit des Chlorwasserstoffs wurde
aber erkannt. Doch ist die koagulierende Wirkung des Chlors im Verhältnis zu Chloreisen unbedeutend, wie aus dem Vergleich folgender
Versuchsergebnisse zu ersehen ist.

Bei Koagul. 0,0038 Proz. Cl wurden abfiltriert in 55 Min. 18,50 cm,
„ „ 0,0124 „ Cl „ „ „ 55 „ 19,50 cm,
„ „ 0,016 „ Cl „ „ „ 20 „ 21,30 cm,
„ „ 0,032 „ Cl „ „ „ 20 „ 20,00 cm.

Es steht also Chlor in seiner koagulierenden Wirkung hinter der
Wirkung des Eisenoxydsoles zurück. Als besonderer Beweis können
die Ergebnisse einer ganzen Versuchsreihe dienen, für welche man als
koagulierendes Agens eine Lösung von basischem Eisenoxydsalz von
der Zusammensetzung $Fe_2Cl_5\,(OH)$ anwendete. Diese Lösung erhält
man durch Oxydation von Eisenoxydulchlorid mit unterchloriger
Säure nach der Gleichung:

$$2\ FeCl_2 + HClO = Fe_2Cl_5\,(OH).$$

---

[1]) Diese Zahlen geben den Metallgehalt an Eisen und Aluminium in Proz.
der Trockensubstanz des Torfes an; für Natriumchlorid und Aluminiumsulfat
zeigen die Zahlen den Salzgehalt in Proz. der Trockensubstanz des Torfes an.
[2]) Wo. Ostwald u. A. Steiner, Kolloidchem. Beih. **21**, 149—152 (1925).

Bei der Koagulation verbrauchte man auf zwei Raumeinheiten Hydromasse eine Raumeinheit Lösung. Die Konzentration der Lösung wurde derart gewählt, daß auf 100 Teile Trockensubstanz des Torfes 0,9, 0,6 und 0,3 Gewichtsteile Eisen entfielen.

Bei einigen Versuchen wurde eine Lösung des basischen Salzes von oben erwähnter Zusammensetzung angewandt, bei den anderen Versuchen aber wurde der Gehalt an Eisenhydroxyd durch Bindung eines Teils des Chlors (15 und 30 Proz.) mit Natriumbikarbonat erhöht.

Nach der Mischung der Hydromasse mit der koagulierenden Lösung kam alles in einen Trichter mit einem Leinwandfilter und die Filtrationsgeschwindigkeit wurde alle 20 Sekunden nach der Kubikmenge des Filtrats gemessen. Jedesmal nahm man für die Filtration 1000 ccm koagulierte Masse. Ein Versuch mit nichtkoagulierter Masse, welche mit einer entsprechenden Wassermenge verdünnt war, wurde des Vergleiches halber angestellt. Endlich erfolgten Filtrationsversuche mit einer Hydromasse, welche mit Salzsäure koaguliert war, wobei man auf 100 g Torftrockensubstanz 0,9 und 0,3 g Chlorwasserstoff nahm. Die Ergebnisse dieser Versuche sind in der Tabelle IX[1]) angeführt.

Tabelle IX.

Sphagnumtorf. Trockensubstanz in der Hydromasse 3,5 Proz.

Filtrationsdauer in Sekunden	Filtrationsmengen in ccm									
	0,9 g Fe auf 100 g Trockensubstanz			0,3 g Fe auf 100 g Trockensubstanz		0,15 g Fe auf 100 g Trockensubstanz		HCl		Mit Wasser verdünnte Hydromasse
	Lösung $Fe_2Cl_5(HO)$	gebunden		Lösung $Fe_2Cl_5(HO)$	gebunden 30 Proz. Cl	Lösung $Fe_2Cl_5(HO)$	gebunden 30 Proz. Cl.	0,9 g HCl auf 100 g Trockensubst	0,3 g HCl auf 100 g	
		15 Proz. Cl	30 Proz. Cl							
20	93	90	92	75	75	50	50	45	45	25
40	170	158	170	123	115	80	78	70	60	38
60	210	198	205	148	145	105	103	100	80	48
80	250	238	235	175	170	130	122	117	98	55
100	275	265	269	200	195	150	148	130	110	65
120	300	295	298	220	215	168	158	145	120	70

Die Zahlen der Tabelle IX lassen erkennen, daß bei der Koagulation des Torfes mit Eisenhydroxyd die in der Lösung enthaltene Salzsäure

---

[1]) G. L. Stadnikoff, Hydrotorf (1927), II. Teil, 30.

auf das Koagulationsergebnis keinen Einfluß hat. Die Salzsäure an sich aber bringt sogar bei starker Konzentration nur eine relativ schwache Koagulation der Torfkolloide zustande.

Aus den Daten der Tabelle V und dem Diagramm 2 ist leicht ersichtlich, daß Gips bei ziemlich schwacher Konzentration eine erhebliche Koagulation der Torfkolloide hervorbringt, und im Anschluß daran die Fähigkeit der Hydromasse, durch Filtration Wasser abzugeben, wesentlich steigert. Die Billigkeit natürlichen Gipses ermöglicht seine Anwendung zur Koagulation der Hydromasse, die man auf die Trockenfelder bringt, um durch die Filtration die Wasserabgabe an den Boden zu beschleunigen. In Anbetracht dessen wurden die koagulierende Wirkung des Gipses und der Einfluß dieser Koagulation auf die Entwässerung der Hydromasse in natürlichen Verhältnissen einer speziellen Forschung unterzogen.[1]

Eine Reihe von Versuchen, deren Ergebnisse in der Tabelle X enthalten sind, bewies, daß Gipslösung tatsächlich die Torfkolloide sofort koaguliert.

Tabelle X.

Koagulationsdauer . . .	5 Min.	20 Std.	40 Std.	nichtkoagul.
Filtrationsdauer	30 „	30 Min.	30 Min.	3 Std.
Gehalt der Trockensubstanz in der abfiltrierten Masse Proz.	8,7	8,6	8,7	5,0

In der nächsten Versuchsreihe wurde eine Filtration von koagulierter und nichtkoagulierter Hydromasse durch eine Schicht natürlichen Torfes durchgeführt. Dadurch wurde geklärt: 1. der Einfluß der Koagulierung mit Gips auf die Geschwindigkeit der Wasserabgabe beim Abfiltrieren in den Boden, 2. der Einfluß der filtrierten Gipslösung auf die Torfunterlage der Trockenfelder, und 3. die Eigenschaftsveränderung der filtrierenden Torfschicht durch den Einfluß von Solen und Gelen der Hydromasse.

Für diese Versuche diente aus dem Moore „Elektroperedatscha" gut zersetzter Torf aus der Tiefe von 0,75 m. Es ist zweckmäßig, den Einfluß der Koagulierung auf die Fähigkeit, Wasser durch Abfiltrieren in den Boden abzugeben, eben mit solchem Torfe zu studieren. Wenn man als Filtrierschicht die oberste schon beträchtlich ausgetrocknete Torfschicht benutzt hätte, wäre die Wasserabgabe des Torfes durch

---

[1] G. L. Stadnikoff, Hydrotorf (1913), 143; G. Stadnikoff u. E. Iwanowsky, Koll.-Zeitschr. 35, 174 (1925).

Filtration durch den Umstand verschleiert geblieben, daß ein gewisses Quantum Wasser durch Quellung und kapillare Einsaugung von der Filtrierschicht des Torfes aufgenommen worden wäre.

Die Filtrationsversuche wurden in zwei Kästen mit durchlöchertem Boden angestellt. Die Höhe der Kästen betrug 30 cm, die Breite und Länge je 16 cm. In jeden Kasten wurde eine Schicht von je 14 cm natürlichem Torf eingelegt und die Torfschicht mit Leinwand bedeckt, damit die Hydromasse von der Filtrierschicht gesondert war. Die Kästen wurden in große Schalen gestellt, in denen sich das abfiltrierte Wasser sammelte. In den einen Kasten wurde in vier Zeitabschnitten eine Schicht von 14—15 cm einer mit Gips koagulierten Hydromasse gegossen, in den anderen ebenso eine Schicht nichtkoagulierter Hydromasse. Nach dem Eingießen der Hydromasse wurden die Kästen bedeckt, um die Möglichkeit eines Wasserverlustes durch Verdunstung auszuschließen.

Für jeden Filtrationsversuch mit koagulierter Hydromasse wurden 2125 g Hydrotorf und 375 ccm Gipslösung genommen, für die nichtkoagulierte Hydromasse dieselbe Menge Hydrotorf und 375 ccm Wasser. Auf diese Weise war der anfängliche Gehalt der Hydromasse an Trockensubstanz in beiden Versuchen derselbe.

Alle 24 Stunden wurden aus den Kästen Proben zur Bestimmung des Trockensubstanzgehaltes entnommen.

Die Ergebnisse dieser Versuchsserie sind in den Tabellen XI und XII zusammengestellt und in Diagrammen (Fig. 4 und 5) veranschaulicht.

Tabelle XI.

Anfangsgehalt an Trockensubstanz in der Hydromasse
4,2 Proz.

	Nummer der Versuche							
	1		2		3		4	
	Hydromasse							
	nicht-koaguliert	koaguliert	nicht-koaguliert	koaguliert	nicht-koaguliert	koaguliert	nicht-koaguliert	koaguliert
Trockensubstanz								
nach 1 Tag Proz.	5,2	7,5	—	—	3,4	8,0	3,4	6,6
nach 2 Tagen „	8,5	10,0	4,2	7,8	—	—	3,7	8,6
nach 3 Tagen „	9,1	10,6	5,0	9,6	4,3	10,0	3,9	10,0
nach 4 Tagen „	—	—	5,2	10,4	4,5	10,4	4,3	10,8

26

Wenn man den Einfluß der Filtrationszeit auf den Gehalt an Trockensubstanz im koagulierten und nichtkoagulierten Hydrotorf (Fig. 4) für den ersten Versuch betrachtet, so ergibt sich, daß der koagulierte Hydrotorf (Kurve II) schneller Wasser durch Filtration abgibt als der nichtkoagulierte (Kurve I). Die Kurve II steigt steiler an, insbesondere während der ersten 24 Stunden. Doch zeigen dabei beide Kurven keine starke Abweichung.

Wenn man aber das Abfiltrieren des Wassers aus dem koagulierten und nichtkoagulierten Hydrotorf für die folgenden drei Versuche ins Auge faßt, so ergibt sich, daß der koagulierte Hydrotorf auch bei den folgenden Versuchen

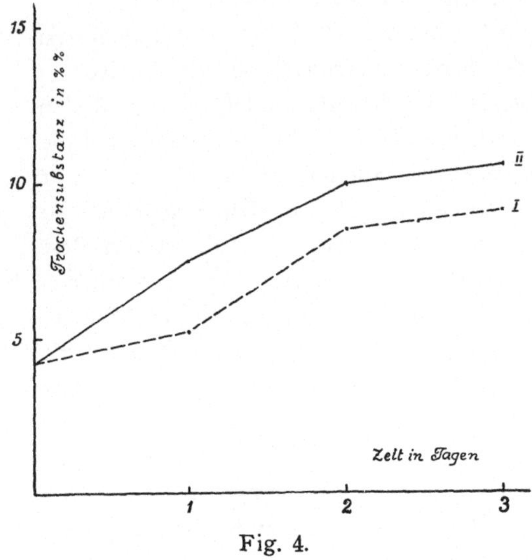

Fig. 4.

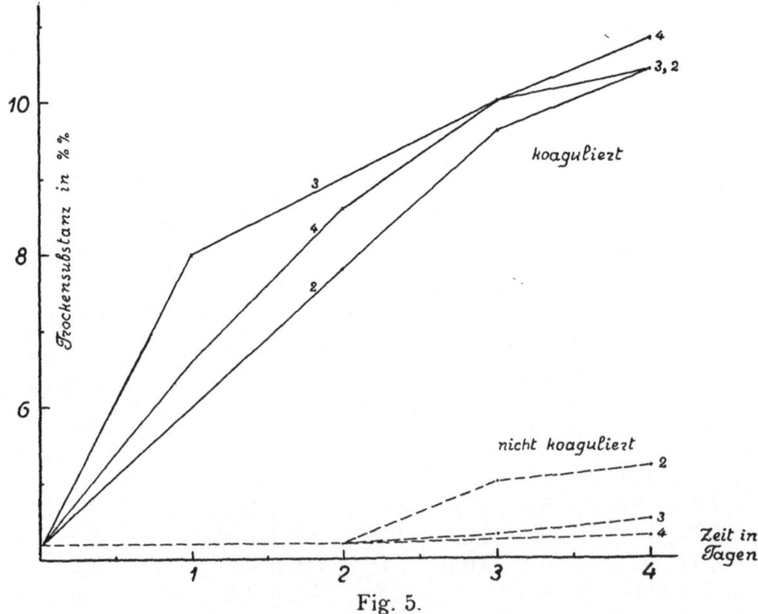

Fig. 5.

Wasser schnell durch Filtration abzugeben fortsetzt, die Kurven für den koagulierten Torf steigen steil an, wobei sie eine Kurvenschar bilden. Daraus folgt, daß die unter der koagulierten Hydromasse befindliche filtrierende Torfschicht auch im weiteren ihre Filtrationsfähigkeit unverändert beibehielt.

Im Gegensatz hierzu beginnt der nichtkoagulierte Hydrotorf nach dem ersten Versuch schon von vornherein langsam Wasser durch Filtration abzugeben, und die Kurve des Gehaltes an Trockensubstanz für den zweiten Versuch sinkt stark, während die Kurven für den dritten und vierten Versuch schon parallel der Abszissenachse verlaufen. Dies zeigt, daß die unter dem nichtkoagulierten Hydrotorf sich befindende Torfschicht während des ersten Versuchs die Fähigkeit besaß, das Wasser der Hydromasse durchzulassen, daß aber nach dem ersten Versuch diese Fähigkeit stark gesunken war und zu Anfang des dritten Versuches beinahe den Nullpunkt erreichte. In der Tat verwandelte sich der nichtkoagulierte Hydrotorf beim ersten Versuch nach zwei Tagen in eine plastische Masse, dagegen blieb er in den folgenden drei Versuchen während der vier Tage flüssig.

Die beiden Kurvenscharen für den Gehalt an Trockensubstanz im koagulierten und nichtkoagulierten Hydrotorf (Fig. 5) zeigen eine starke Abweichung.

Aus diesen Versuchen ergibt sich, daß der nichtkoagulierte Hydrotorf beim dritten Aufgießen auf eine und dieselbe Torfschicht nur eine unbedeutende Menge des in ihm enthaltenen Wassers durch Filtration in den Boden abgibt, der Hauptgehalt aber muß durch Verdunsten abgegeben werden. Deutlicher ist dies aus der Tabelle XII zu sehen.

Tabelle XII.

	Nummer der Versuche							
	1		2		3		4	
	Hydromasse							
	nicht-koaguliert	koaguliert	nicht-koaguliert	koaguliert	nicht-koaguliert	koaguliert	nicht-koaguliert	koaguliert
Abfiltriertes Wasser, ccm								
am 1. Tage . . .	100	550	325	785	120	1230	175	1140
„ 2. Tage . . .	410	485	185	360	—	—	125	190
„ 3. Tage . . .	90	57	115	85	160	60	110	40
„ 4. Tage . . .	0	0	0	0	55	0	60	0
in 4 Tagen . . .	600	1093	625	1230	335	1290	470	1370

Im Mittel wird vom koagulierten Hydrotorf beinahe dreimal soviel Wasser abfiltriert als vom nichtkoagulierten; dabei gibt der koagulierte Hydrotorf mit jeder Filtration immer mehr Wasser dem Boden ab und zeigt in keinem Fall eine Neigung zur Minderung der Wasserabgabe, was dagegen deutlich beim nichtkoagulierten Hydrotorf bemerkbar ist. Diese dauernde Fähigkeit der unter der koagulierten Hydromasse befindlichen Torfschicht, Wasser durchzulassen, lieferte den Beweis, daß die von der Hydromasse abgegebene Gipslösung in bedeutendem Maße die Torfunterlage koaguliert hatte. Diese Folgerung fand Bestätigung bei der vergleichenden Untersuchung der filtrierenden Torfschichten aus beiden Kästen.

Die Bestimmung des Koagulationsgrades dieser Torfe aus ihrer Fähigkeit, Wasser beim Pressen abzugeben, gab folgende Resultate:

Torfschicht, durch welche koagulierter Hydrotorf filtriert wurde	Torfschicht, durch welche nicht-koagulierter Hydrotorf filtriert wurde
Abgepreßt 250 g bei 50 Atm. innerhalb 1 Stunde Gewicht des Briketts 94 g Trockensubstanz im Brikett: 1. 24,8 Proz. 2. 24,6 Proz. Aschengehalt im Brikett 1,92 Proz.	Abgepreßt 250 g bei 50 Atm. innerhalb 1 Stunde Gewicht des Briketts 119 g Trockensubstanz im Brikett: 1. 18,2 Proz. 2. 18,6 Proz. Aschengehalt im Brikett 1,61 Proz.

Die Ergebnisse des Abpressens beweisen vollständig, daß die durchfiltrierte Gipslösung die filtrierende Torfschicht koaguliert hatte.

Eine neue Versuchsreihe, welche unter denselben Bedingungen und mit ebensolchen Torfmengen angestellt wurde, führte zu ganz denselben Ergebnissen, wie dies aus den Tabellen XIII und XIV zu ersehen ist.

Tabelle XIII. Anfangsgehalt an Trockensubstanz in der Hydromasse 3,8 Proz.

	Nummer der Versuche					
	1		2		3	
	Hydromasse					
	nicht koaguliert	koaguliert	nicht koaguliert	koaguliert	nicht koaguliert	koaguliert
Trockensubstanz						
nach 1 Tag, Proz. . .	4,7	8,1	4,0	7,5	4,1	7,1
„ 2 Tagen, „ . .	5,8	9,65	4,2	9,1	—	—
„ 3 Tagen, „ . .	6,0	10,5	4,3	10,4	4,6	9,5
„ 4 Tagen, „ . .	7,2	11,1	4,7	11,8	4,8	10,0

Die Ergebnisse dieser Versuche sind graphisch in Fig. 6 dargestellt.

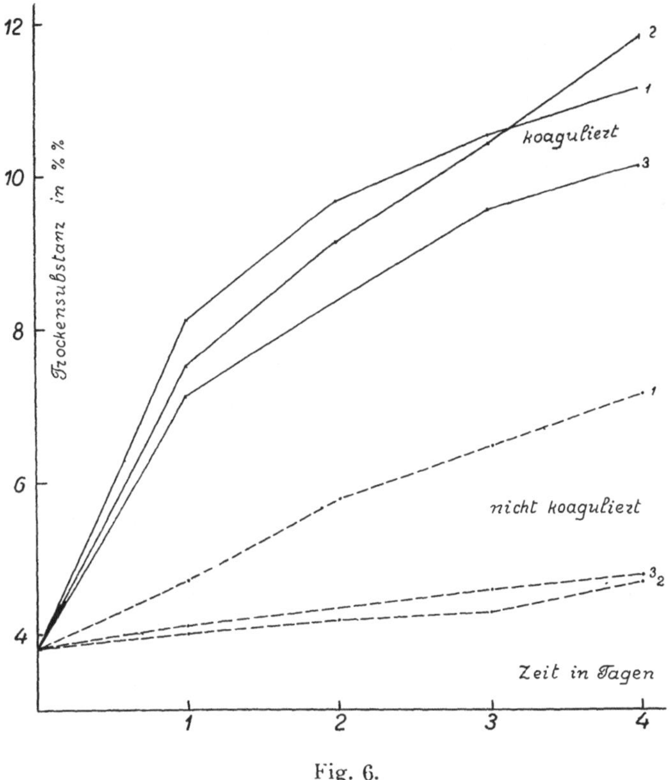

Fig. 6.

Tabelle XIV.

	Nummer der Versuche					
	1		2		3	
	Hydromasse					
	nicht koaguliert	koaguliert	nicht-koaguliert	koaguliert	nicht koaguliert	koaguliert
Abfiltriertes Wasser am 1. Tag, ccm . . .	145	1010	65	1045	85	1010
,, 2. Tag, ,, . . .	135	90	45	115	—	—
,, 3. Tag, ,, . . .	30	0	40	15	110	170
,, 4. Tag, ,, . . .	10	0	20	0	20	0
Abfiltriertes Wasser insgesamt in 4 Tagen . .	320	1100	170	1175	215	1180

Die folgende Versuchsreihe wurde mit denselben Filtrierschichten
natürlichen Torfes angestellt, nur mit dem Unterschiede, daß in diesem
Falle die koagulierte Hydromasse bei allen drei Versuchen auf die
Torfschicht gegossen wurde, durch die in der vorigen Reihe die
nichtkoagulierte Hydromasse filtriert wurde, und umgekehrt die nichtkoagulierte auf die Schicht, durch die in der vorigen Reihe der
koagulierte Hydrotorf filtriert wurde. Die äußerst interessanten Ergebnisse dieser Versuchsreihe sind in den Tabellen XV und XVI zusammengestellt.

Tabelle XV.

Anfangsgehalt an Trockensubstanz in der Hydromasse
3,8 Proz.

	Nummer der Versuche					
	1		2		3	
	Hydromasse					
	nicht-koaguliert	koaguliert	nicht-koaguliert	koaguliert	nicht-koaguliert	koaguliert
Trockensubstanz						
nach 1 Tag, Proz. . .	5,3	4,7	4,8	4,8	4,5	4,7
„ 2 Tagen, „ . .	5,6	4,9	5,3	5,1	4,8	5,7
„ 3 Tagen, „ . .	6,5	5,5	5,7	6,0	5,2	6,8
„ 4 Tagen, „ . .	8,0	6,3	6,3	7,2	5,7	7,8

Tabelle XVI.

	Nummer der Versuche					
	1		2		3	
	Hydromasse					
	nicht-koaguliert	koaguliert	nicht-koaguliert	koaguliert	nicht-koaguliert	koaguliert
Abfiltriertes Wasser						
am 1. Tag, ccm . . .	560	275	405	325	330	365
„ 2. Tag, „ . . .	170	160	170	260	135	200
„ 3. Tag, „ . . .	120	170	—	—	85	160
„ 4. Tag, „ . . .	60	105	135	235	60	105
insgesamt in 4 Tagen . .	910	710	710	820	610	830

Aus den Tabellen XV und XVI sind folgende Schlüsse zu ziehen:

1. Die nichtkoagulierte Hydromasse gibt an den Torfboden, der mit Gipslösung bearbeitet wurde, schneller

Wasser durch Filtration ab als an nicht mit Gips bearbeiteten Torfboden.

2. Bei wiederholtem Filtrieren durch eine und dieselbe Torfschicht verstopft die nichtkoagulierte Hydromasse sogar die mit Gipslösung durchtränkte Torfschicht, wodurch die Fähigkeit, Wasser durchzulassen herabgesetzt wird. Wenn eine nichtkoagulierte Hydromasse auf gewöhnlichen Torf ausgegossen wird, verstopft sie ihn in solch starkem Maße, daß sogar koagulierter, auf diesen Torf ausgegossener Hydrotorf sehr langsam sein Wasser durch Filtration abgibt, und es ist erforderlich, drei- bis viermal koagulierte Hydromasse aufzugießen, um der Filtrierschicht die Fähigkeit, Wasser durchzulassen zurückzuerstatten. Beim ersten Versuche der letzten Reihe bleibt der koagulierte Hydrotorf hinter dem nichtkoagulierten zurück; beim zweiten Versuche verläuft die Wasserabgabe des koagulierten und nichtkoagulierten Hydrotorfes praktisch gleich, und beim dritten Versuche endlich überholt der koagulierte Hydrotorf bemerkbar den nichtkoagulierten.

Die erwähnten im Laboratorium durchgeführten Untersuchungen ermöglichen es, einen wichtigen praktischen Schluß zu ziehen: Bei der natürlichen Trocknung auf den Feldern macht die nichtkoagulierte Hydromasse nach zwei oder drei aufeinanderfolgenden Aufgüssen und einer Unterlassung nötiger Maßnahmen diese Felder wasserdurchlaßunfähig und für die Trocknung des Hydrotorfs unbrauchbar. Daher soll man nichtkoagulierten Hydrotorf nur einmal auf die Felder aufgießen, die nach dem ersten Aufguß sofort der Wirkung koagulierender Naturkräfte ausgesetzt werden müssen — dem Winde, der Sonne und dem Froste; diese Kräfte stellen die Filtrationsfähigkeit der Felder zur nächsten Jahreszeit wieder her. Koagulierten Hydrotorf kann man zur Trocknung nacheinander auf ein und dasselbe Feld aufgießen.

Außer den angeführten Mitteln zur Verringerung der kolloidgebundenen Wassermenge in der Torfmasse wurde noch ein Verfahren geprüft, das eine Mischung des rohen Torfes mit trockenem Torfpulver und ein Abpressen der Mischung in Pressen vorschreibt (Madruck-Verfahren). Die Erfinder dieses Verfahrens — die deutschen Ingenieure Horst, Brune und Otessen — nahmen an, daß das zugesetzte trockene Torfpulver imstande ist, eine Koagulation der Torfkolloide hervorzurufen, und begründeten damit die von ihnen wahrgenommene Möglichkeit, bestäubten Torf durch Pressen in höherem Maße als gewöhnlichen feuchten einer Lagerschicht entnommenen Torf entwässern zu können.

Zur Rechtfertigung dieses Standpunktes wurden keine genügend überzeugenden Belege vorgebracht; indessen steht die erwähnte Beurteilung des Torfpulvers in einem gewissen Widerspruch zu festgestellten Tatsachen.

Ein Zusatz von trockenem Pulver zum feuchten Torf führt nur dann zum positiven Erfolg des Abpressens, wenn es gelingt, die kleinen Torfteilchen mit einer Staubschicht zu überziehen und in diesem Zustand ohne Vermischung in die Presse zu bringen. Wenn man aber den feuchten Torf sorgfältig mit trockenem Pulver vermischt, dann kommt der Zusatz dem Abpresseergebnis gar nicht zugute. Die Rolle des trockenen Pulvers im Madruck-Verfahren läßt sich durch vergleichende Preßversuche ermitteln, 1. an feuchtem Torf ohne Staubzusatz, 2. an feuchtem Torf, dessen Teilchen mit dünner Staubschicht bedeckt, doch nicht vermischt waren, und 3. an feuchtem Torf, welcher im Mörser sorgfältig mit Staub verrührt war.

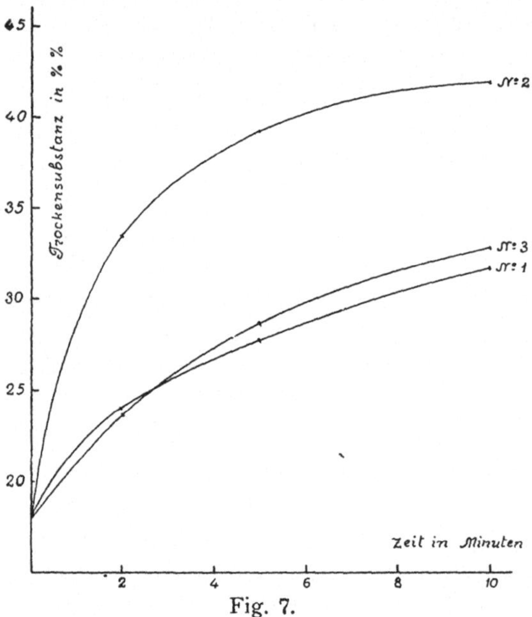

Fig. 7.

Die Ergebnisse solcher Versuche an koaguliertem Torf sind in der Tabelle XVII[1]) angeführt und im Diagramm (Fig. 7) dargestellt.

Die angeführten Ergebnisse zeigen, daß der zum Torf hinzugesetzte trockene Staub, der die Klebe- und Verdichtungsfähigkeit eingebüßt hat, Gänge für das aus dem Torfe abgepreßte Wasser bildet und schließlich als einfache Dräinage wirkt. Der gleichen Ansicht über die Rolle des Staubes im Madruck-Verfahren ist auch Wo. Ostwald.[2])

---

[1]) N. W. Semzeff, Hydrotorf (1927), II. Teil, 148.
[2]) Wo. Ostwald, Die Welt der vernachlässigten Dimensionen (1927), 304.

Tabelle XVII.

Dauer des Abpressens, Minuten	200 g unbestäubter Torf		200 g bestäubter, aber nicht zerriebener Torf (20 g trockener Staub)		200 g bestäubter und im Mörser zerriebener Torf (20 g trockener Staub)	
	Gewicht des abgepreßten Torfes, g	Trockensubstanz im abgepreßten Torf, Proz.	Gewicht des abgepreßten Torfes, g	Trockensubstanz im abgepreßten Torf, Proz. netto	Gewicht des abgepreßten Torfes, g	Trockensubstanz im abgepreßten Torf, Proz. netto
0	260	18	220	18	220	18
2	149,9	24	127,3	33,5	172	23,7
5	131,4	27,4	111,8	39,2	146,9	28,4
10	113,1	31,8	106	41,8	129,6	32,8

Die zahlreichen Versuche mit „Hydrotorf" haben auch erwiesen, daß der zum Torf hinzugesetzte trockene Staub in hohem Maß die Beweglichkeit der Torfmasse herabsetzt und sie behindert, beim Abpressen durch die filtrierende Oberfläche der Presse durchzudringen.

Kapitel II.

Entwässerung des Torfes.

Trocknen des Torfes unter natürlichen Verhältnissen.

Bei der Entwässerung des Torfes unter natürlichen Verhältnissen wird das in ihm enthaltene Wasser, abhängig von der Beschaffenheit desselben, bei vollständig gleichen äußeren Bedingungen mit verschiedener Geschwindigkeit entweichen. In erster Linie verliert der Torf das abpreßbare Wasser und dann beginnt er das kolloidgebundene Schwellungs- und Adsorptionswasser zu verlieren. Es ist einer besonderen Erörterung wert, den Gang der Verluste jeder dieser Wasserarten in Abhängigkeit von den bezüglichen Verhältnissen zu verfolgen. Um diese Frage möglichst weitgehend aufzuklären, sind nicht nur Beobachtungen im Felde nötig, bei denen die Verhältnisse in einem ständigen oft unerwarteten Wechsel begriffen sind, wobei außerdem die Zahl der auf die Entwässerung einwirkenden Umstände zu groß ist, es sind auch Laboratoriumsuntersuchungen unter möglichst bestimmten Bedingungen auszuführen.

Es ist notwendig, die Bedingungen der Laboratoriumsuntersuchungen des Entwässerungsprozesses des Torfes etwas näher zu betrachten, um die im Felde und im Laboratorium erzielten Ergebnisse richtig beurteilen zu können.

Am einfachsten wäre es, den Gewichtsverlust von gleichen Mengen verschiedener Torfarten, deren Wassergehalt durch Hinzufügen von Wasser zum trockneren Torfe gleich gemacht war, zu bestimmen. Hier entsteht aber die Frage, unter welchen Bedingungen der Gewichtsverlust des Torfes untersucht werden muß und wie groß die Einwaagen der Torfe sein sollen.

Wenn man kleine Einwaagen der Torfe (ungefähr 10 g) nimmt und dieselben in einer dünnen Schicht auf Glasplatten verteilt, so geht die Entwässerung zu schnell vor sich, um den Unterschied des Wasserverlustes bei verschiedenen Torfarten feststellen zu können. Bei dem Abwiegen der Proben nach 24 Stunden ist die Entwässerung schon so weit vorgeschritten, daß der Unterschied zwischen den Entwässerungsgeschwindigkeiten der verschiedenen Torfarten sich ausgleicht. Beim Abwiegen dagegen nach 2—3 Stunden wird der Unterschied im Wasserverlust einer jeden Probe bei kleinen Einwaagen zu gering sein, um mit Sicherheit über einen Unterschied der Geschwindigkeit der Wasserabgabe und nicht aber über Resultate von zufälligen Einflüssen sprechen zu können. Infolgedessen müssen jegliche Versuche über Entwässerung von Torf, der in dünnen Schichten auf einer Scheibe aufgetragen wird, als unzulänglich betrachtet werden.

Wenn man größere in Büchsen befindliche Einwaagen nimmt (150—200 g), die daher in ziemlich starken Schichten liegen werden, so fallen zwar die obigen Bedenken weg, es erscheinen aber neue. Es ist ganz unmöglich, solche Mengen Torf in den Büchsen in ganz gleicher Weise aufzuschichten. Der eine Torf kann dichter gelegt werden als der andere, was die Geschwindigkeit der Wasserabgabe beeinflussen wird. Es kann gelingen, den einen Torf ohne Luftblasen aufzuschichten, während der andere solche enthalten wird, was wiederum verschiedene Trocknungsbedingungen verursachen wird. Der größte Fehler großer Einwaagen besteht in der vollen Unmöglichkeit, sie bei einem bestimmten Dampfdruck in Exsikkatoren über einer Schwefelsäurelösung trocknen zu können.

Wenn man eine solche Einwaage (ungefähr 150 g) in einen Exsikkator mit konzentrierter Schwefelsäure legt, so wird auch in diesem Falle die Spannung des Wasserdampfes im Exsikkator nicht gleich Null, sondern bedeutend höher sein. Im Exsikkator entsteht ein gewisser Überdruck des Wasserdampfes, da die Schwefelsäure nicht imstande ist, das ganze aus dem Torf verdunstende Wasser zu absorbieren. Diese Erscheinung wird um so deutlicher auftreten, je verdünnter die Schwefelsäurelösung ist. Es wurde bei einer Reihe von Versuchen festgestellt, daß die Wasserdampfspannung bei großen Einwaagen in Exsikkatoren größer war als die der Konzentration der Schwefelsäure entsprechende. In zwei Exsikkatoren (Durchmesser 40 cm) wurde je eine gleiche Menge

56prozentiger Schwefelsäurelösung gegossen. In einen Exsikkator wurde in einem Glase eine Torfprobe von 37,2 g, in den anderen eine Probe desselben Torfes von 180 g gelegt. Die Exsikkatoren standen in demselben Schranke, wobei die Zimmertemperatur in den Grenzen von 0,5⁰ schwankte.

Die kleinere Torfprobe verlor nach 3 Tagen 12 Proz. ihres Wassergehaltes, die größere dagegen nur 5 Proz. Dabei lag die größere Probe in einer Porzellanschale und verfügte über eine verhältnismäßig sehr große Oberfläche. Diese Tatsache genügt, um das Vorhandensein eines Überdruckes im Exsikkator mit der großen Probe feststellen zu können.

Dieselbe Erscheinung wurde in den Exsikkatoren mit einer 44prozentigen Schwefelsäurelösung beobachtet. In diesem Falle wurde mittels eines besonderen Versuches das Vorhandensein eines Überdruckes bei großen Einwaagen bewiesen. In einen Exsikkator mit einer solchen Säure bei 15⁰ (Dampfspannung = 6,1 mm Hg) wurde eine Glasschale mit einer Torfprobe gestellt, die vordem auf einen Feuchtigkeitsgehalt von etwa 25 Proz. gebracht war. Das Abwiegen der Probe wurde nach 3—4 Tagen ausgeführt, wobei sich eine Gewichtsverringerung der Probe ergab. Sobald die Büchse mit dem Torf das Gewicht von 41,8773 g erreicht hatte, wurde in den Exsikkator neben der Büchse eine große Schale mit 120 g natürlichem Torf mit einem Feuchtigkeitsgehalt von 88 Proz. gestellt. Das Gewicht der Büchse begann zuzunehmen:

$$\text{nach 4 Tagen war das Gewicht . . 42,3605 g}$$
$$\text{,, weiteren 3 Tagen . . . . . . 42,4654 ,,}$$
$$\text{,, ,, 4 ,, ... 42,5380 ,,}$$

Darauf wurde die Schale mit 120 g Torf aus dem Exsikkator genommen und an ihre Stelle eine Büchse mit 30 g desselben Torfes gestellt. Der untersuchte Torf begann wieder im Gewichte abzunehmen:

$$\text{nach 2 Tagen war das Gewicht . . 42,4124 g}$$
$$\text{,, weiteren 3 Tagen . . . . . . 42,3420 ,,}$$
$$\text{,, ,, 4 ,, ... 42,2922 ,,}$$
$$\text{,, ,, 3 ,, ... 42,2648 ,,}$$
$$\text{,, ,, 4 ,, ... 42,2596 ,,}$$
$$\text{,, ,, 3 ,, ... 42,2500 ,,}$$
$$\text{,, ,, 10 ,, ... 42,2100 ,,}$$

Der Versuch zeigt, daß die Torfeinwaage von 120 g die Dampfspannung im Exsikkator erhöht; deshalb sind Untersuchungen der Entwässerungsgeschwindigkeit des Torfes mit solchen Einwaagen zwecklos.

Analog verlief auch die Untersuchung mit koaguliertem Hydrotorf.

Im Exsikkator mit 44prozentiger Schwefelsäure wurde die Büchse mit dem Torf bis zu einem Gewicht von 42,6864 g gebracht. Der Torf verlor unaufhörlich an Gewicht, d. h. er verlor Wasser. In diesem Augenblick wurde in den Exsikkator eine Schale mit 115 g koaguliertem Hydrotorf gestellt, der durch Filtrieren in einen plastischen Zustand gebracht war. Die untersuchte Büchse begann im Gewicht zuzunehmen:

$$
\begin{array}{llll}
\text{nach 4 Tagen war das Gewicht} & . \; . & 43{,}1829 \text{ g} \\
\text{,, weiteren 3 Tagen} & . \; . \; . \; . \; . \; . & 43{,}3370 \text{ ,,} \\
\text{,, \qquad ,, \quad 4 \quad ,,} & , . \; . \; . \; . \; . & 43{,}4038 \text{ ,,}
\end{array}
$$

Darauf wurde die Schale aus dem Exsikkator entnommen und an ihre Stelle eine Büchse mit 30 g desselben Torfes gestellt. Die Büchse mit dem untersuchten Torf begann wieder im Gewicht abzunehmen:

$$
\begin{array}{llll}
\text{nach 3 Tagen war das Gewicht} & . \; . & 43{,}2736 \text{ g} \\
\text{,, weiteren 4 Tagen} & . \; . \; . \; . \; . \; . & 43{,}2190 \text{ ,,} \\
\text{,, \qquad ,, \quad 4 \quad ,,} & . \; . \; . \; . \; . \; . & 43{,}1904 \text{ ,,} \\
\text{,, \qquad ,, \quad 3 \quad ,,} & . \; . \; . \; . \; . & 43{,}1720 \text{ ,,} \\
\text{,, \qquad ,, \quad 12 \quad ,,} & . \; . \; . \; . \; . & 43{,}0900 \text{ ,,}
\end{array}
$$

Dabei muß betont werden, daß diese Versuche mit den größten Exsikkatoren, in die je ein Liter Schwefelsäure gegossen wurde, ausgeführt wurden. Es ist also unmöglich, Versuche mit großen Einwaagen auszuführen; man muß demnach mit kleinen Einwaagen arbeiten, obwohl solche Versuche keine genauen Schlüsse zu machen gestatten.

Die Resultate der Versuche mit kleinen Einwaagen sind in den Tabellen XVIII, XIX, XX und XXI zusammengestellt.

Tabelle XVIII.

Dampfspannung in den Exsikkatoren 0,4 mm Hg.

Temperatur im Schranke 14—15⁰.

Anfangsfeuchtigkeit des nichtkoagulierten Torfes 89,7 Proz., des koagulierten Torfes 87,7 Proz.

Einwaage des nichtkoagulierten Torfes 34,7512 g, des koagulierten Torfes 34,8707 g.

Zeit des Abwiegens		Gewicht der Büchse mit dem Torf g		Wasserverlust, Proz. vom ganzen Wassergehalt des Torfes	
		Nichtkoaguliert	Koaguliert	Nicht-koaguliert	Koaguliert
XII	5	67,9112	65,7303	—	—
	8	63,4741	61,4849	14,1	13,9
	11	59,5394	57,6689	12,6	12,4
	14	55,6670	53,9530	12,5	12,2
	17	51,7220	50,1144	12,6	12,5
	20	48,3096	46,7831	11,0	10,9
	23	44,8478	43,4067	11,1	11,0
	26	41,5627	40,1667	10,6	10,6
	29	38,6105	37,3203	9,5	9,2
I	1	37,4095	35,9158	3,8	4,6
	4	.37,2114	35,6312	—	—
II	18	37,0554⎫	35,4161⎫		
	21	37,0554⎪ Gleich-gewichts-zustand	35,4156⎪ Gleich-gewichts-zustand		
	24	37,0586⎬	35,4168⎬		
	27	37,0568⎪	35,4148⎭		
III	2	37,0559⎭	35,4178		

Beim Gleichgewicht ist der Wassergehalt des nichtkoagulierten Torfes 5,2 Proz., des koagulierten 5,8 Proz.

---

[1] Während der drei Versuchsmonate waren die Temperaturen im Keller, wo die Versuche ausgeführt wurden, 57 mal 14⁰, 24 mal 14,5⁰, 6 mal 15⁰ und 3 mal 14,5⁰.

Tabelle XIX.

Dampfspannung in den Exsikkatoren 3,4 mm Hg.

Temperatur des Raumes 14—15⁰.

Anfangswassergehalt des nichtkoagulierten Torfes 89,7 Proz., des koagulierten 87,3 Proz.

Einwaagen: Nichtkoagulierter Torf 37,2731 g, koagulierter Torf 32,7930 g.

Zeit des Abwiegens		Gewicht der Büchse mit dem Torf g		Wasserverlust, Proz. vom ganzen Wassergehalt des Torfes	
		Nichtkoaguliert	Koaguliert	Nichtkoaguliert	Koaguliert
XI	4	64,6181	62,9132	—	—
	8	59,7881	58,2800	14,4	16,2
	11	56,3873	54,9712	11,9	11,6
	14	53,0890	51,7030	9,9	11,4
	17	50,0020	48,5438	9,3	11,0
	20	46,8992	45,4300	9,3	10,8
	23	43,8692	42,4050	9,1	10,6
	26	41,0925	39,5873	8,5	9,9
	29	38,2353	37,0964	8,4	8,7
XII	2	35,5445	35,7435	8,1	4,7
	5	33,1665	35,4932	7,2	0,87
	8	32,0600	35,4463	3,4	--
	11	31,8504	35,4315	0,63	—
	14	31,8058	35,4258	—	—
Gleichgewichtszustand . . .		31,8000	35,4200	—	—

Beim Gleichgewicht war der Wassergehalt des nichtkoagulierten Torfes 10,7 Proz., des koagulierten 10,0 Proz.

Tabelle XX.

Dampfspannung in den Exsikkatoren 6,1 mm Hg.

Temperatur des Raumes 14—15⁰.

Anfänglicher Wassergehalt des nichtkoagulierten Torfes 89,7 Proz., des koagulierten 87,4 Proz.

Einwaagen: Nichtkoagulierter Torf 39,2080 g, koagulierter Torf 36,1708 g.

Zeit des Abwiegens		Gewicht der Büchse mit dem Torf g		Wasserverlust, Proz. vom ganzen Wassergehalt des Torfes	
		Nicht-koaguliert	Koaguliert	Nicht-koaguliert	Koaguliert
XI	4	69,1000	64,4878	—	—
	8	65,7131	61,2687	9,65	12,0
	11	63,2496	58,9531	7,0	7,3
	14	60,9072	56,6787	6,65	7,15
	17	58,6730	54,5044	6,3	6,85
	20	56,3484	52,3426	6,6	6,80
	23	54,1542	50,2198	6,3	6,7
	26	52,0170	48,1758	6,1	6,4
	29	49,9760	46,2865	5,8	6,0
XII	2	47,9326	44,3146	5,8	6,2
	5	45,7782	42,3892	6,1	6,0
	8	43,7520	40,5304	5,8	5,9
	11	41,7456	38,7117	5,7	5,9
	14	39,8065	36,9840	5,5	5,5
	17	38,0190	35,3555	5,1	5,2
	20	36,4998	34,2941	4,3	3,4
	23	35,3500	33,8328	3,3	1,4
	26	34,8760	33,7094	1,4	0,4
	29	34,7356	33,6707	0,4	—
I	1	34,6865	33,6524	0,14	—
	4	34,6661	33,6427	—	—
Gleichgewichts-zustand (im Mittel)		34,6000	33,6350	—	—

Beim Gleichgewichtszustand war der Wassergehalt des nichtkoagulierten Torfes 13,8 Proz., des koagulierten 14,2 Proz.

Tabelle XXI.

Dampfspannung im Exsikkator 9,95 mm Hg.

Temperatur des Raumes 14—15⁰.

Anfänglicher Wassergehalt des nichtkoagulierten Torfes 89,7 Proz., des koagulierten 87,4 Proz.

Einwaage: Nichtkoagulierter Torf 35,4159 g, koagulierter Torf 35,3218 g.

Zeit des Abwiegens		Gewicht der Büchse mit dem Torf g		Wasserverlust, Proz. vom ganzen Wassergehalt des Torfes	
		Nicht-koaguliert	Koaguliert	Nicht-koaguliert	Koaguliert
XI	8	62,7192	64,8695	—	—
	17	59,6728	61,9144	9,4	9,6
	26	56,6536	59,0286	9,3	9,4
XII	5	53,7230	56,2263	9,1	9,2
	14	50,8357	53,4658	8,9	8,9
	23	48,1090	50,7804	8,2	8,4
I	1	45,5181	48,2596	8,0	8,1
	10	42,9936	45,8068	7,7	7,9
	19	40,6744	43,5109	7,2	7,4
	28	38,2604	41,1468	7,4	7,7
II	6	36,0845	38,9710	6,7	7,0
	15	34,1907	37,0424	5,8	6,3
	24	33,0720	35,7463	3,4	4,2
III	5	32,8056	35,3206	0,8	1,3
Gleichgewichts-zustand . . .		32,6800	35,1500	—	—

Beim Gleichgewichtszustand ist der Wassergehalt des nichtkoagulierten Torfes 20,8 Proz., des koagulierten 20,4 Proz.

Vergleicht man die Entwässerungsgeschwindigkeiten des nichtkoagulierten und des koagulierten Hydrotorfes unter allen untersuchten Bedingungen, so ergibt sich, daß bei niedriger Dampfspannung kein Unterschied zwischen den Geschwindigkeiten der Entwässerung zu beobachten ist (Tabelle XVIII). Bei einer Dampfspannung von 3—4 mm Hg tritt der beobachtete Unterschied aus den Grenzen der Versuchsfehler heraus (Tabelle XIX), und der koagulierte Torf entwässert sich schneller, als der nichtkoagulierte. Bei einer mittleren Dampfspannung gleicht sich der Unterschied zwischen den Geschwindigkeiten der Entwässerung aus und befindet sich in den Grenzen der Versuchsfehler (Tabelle XX).

Endlich bei einer Dampfspannung von 10 mm Hg ist der Unterschied nicht mehr zu bemerken.

Es ist nochmals zu betonen, daß die erhaltenen Zahlenwerte keine Möglichkeit geben, endgültige Schlußfolgerungen über die größere Entwässerungsgeschwindigkeit des koagulierten Torfes zu machen. Die Unterschiede zwischen den Zahlenwerten beider Torfe sind gering und rufen natürlich Zweifel hervor.

Dennoch kann man aus den in den Tabellen angeführten Zahlen in praktischer Hinsicht äußerst wichtige Schlußfolgerungen ziehen:

Der nichtkoagulierte und der mit Gips koagulierte Hydrotorf befinden sich in bezug auf Wassergehalt im Momente des Gleichgewichtes in einem gleichen Zustande.

Die diesbezüglichen Zahlenwerte sind in der Tabelle XXII angeführt:

Tabelle XXII.

Dampfspannung in mm Hg	Wassergehalt, Proz. bei Gleichgewicht	
	Koagulierter Torf	Nicht-koagulierter Torf
0,4	5,8	5,2
3,4	10,0	10,7
6,1	14,2	13,8
9,95	20,4	20,8

Aus den Angaben dieser Tabellen kann man eine interessante Schlußfolgerung ziehen. Wenn man die Menge des abgegebenen Wassers in Prozenten für die ersten fünf Zeiträume (15 Tage) aus Tabelle XVIII, XIX und XX in Betracht zieht, so ergibt sich, daß die Entwässerungsgeschwindigkeit des Torfes sich in einer einfachen Abhängigkeit von der Dampfspannung im umliegenden Raume befindet, und zwar ist die Entwässerungsgeschwindigkeit des Torfes ceteris paribus proportional dem Unterschiede zwischen der Wasserdampfspannung des Torfes und der Wasserdampfspannung im umliegenden Raume unter der Bedingung, daß die zu vergleichenden Torfe einen gleichen Wassergehalt besitzen. Dabei nehmen wir an, daß die Dampfspannung des Torfes gleich der Dampfspannung des reinen Wassers ist, obgleich das nicht ganz zutrifft. Da aber der Unterschied zwischen diesen Spannungen gering sein wird, so ist solche Annahme zulässig. Das Verhältnis zwischen dem Unterschied der Dampfspannungen zu der Entwässerungsgeschwindigkeit ist aus Tabelle XXIII zu ersehen:

Tabelle XXIII.

Torf	Dampf-spannung, mm Hg	Unterschied zwischen den Dampf-spannungen	Wasser-verlust, Proz.	K
Nichtkoaguliert	0,4	12,4	65,8	5,3
	3,4	9,4	53,9	5,7
	6,1	6,7	36,2	5,4
Koaguliert. . .	0,4	12,4	61,9	5,0
	3,4	9,2	61,0	6,5
	6,1	6,7	40,1	5,9
		Mittlerer Wert für K		5,6

Eine vergleichende Untersuchung der Entwässerungsgeschwindigkeit des koagulierten und nichtkoagulierten Hydrotorfes kann bei kleinen Einwaagen keine tadellosen Zahlenwerte geben, bei großen Einwaagen aber und den von uns ausgewählten Wasserdampfspannungen wird die Untersuchung unmöglich, infolge des in den Exsikkatoren stattfindenden Gegendruckes.

Die große Einwaage des Torfes kann man zur Untersuchung nehmen nur unter der Bedingung der maximalen Dampfspannung für die gegebene Temperatur in den Exsikkatoren, mit anderen Worten: man muß die Entwässerungsgeschwindigkeit des Torfes über reinem Wasser im Exsikkator untersuchen, da der Torf imstande ist, unter solchen Bedingungen Wasser abzugeben. Wir haben früher[1]) gezeigt, daß Torf über einer 2prozentigen Lösung von Schwefelsäure (praktisch in der Atmosphäre des gesättigten Wasserdampfes) sich bis zu einem Wassergehalt von 35—37 Proz. entwässert. Fast dieselben Zahlen hat Sven Odén erhalten. Diese Ergebnisse sind genügend überzeugend dafür, daß der Rohtorf sich in der Atmosphäre des gesättigten Dampfes entwässert und daß ein Teil des Wassers im Torfe eine größere Dampfspannung besitzt, als reines Wasser.

Auf dieser Grundlage wurde eine Reihe von Entwässerungsversuchen von Hydrotorf in Exsikkatoren über reinem Wasser ausgeführt, um das Erscheinen eines Gegendruckes in den Exsikkatoren auszuschließen. Außerdem wurde im Laufe des ersten Tages in allen Ex-

---

[1]) Siehe Kapitel: „Das Wasser des Torfes".

sikkatoren auf den Wänden und Deckeln ein Niederschlag von Wassertropfen beobachtet. Der Niederschlag hielt sich bis zum Ende der Versuche. Dadurch werden die Einwände, wie sie von Wolff und Büchner[1]) gegen P. v. Schröder[2]) erhoben wurden, gänzlich widerlegt. Unsere Torfe befanden sich die ganze Zeit in einer Atmosphäre von Wasserdampf, welche sowohl unter als auch über denselben gesättigt war (Tropfen an der Decke).

Um den Einfluß der Eigenschaften des Trocknungsfeldes auf die Entwässerungsgeschwindigkeit des Hydrotorfes bei natürlichem Trocknen zu ermitteln, wurde die Geschwindigkeit des Wasserverlustes im Torf untersucht, wobei ein Teil des Torfes auf einer Scheibe von Filtrierpapier, der andere auf einer Scheibe von Glanzpapier lag. Das Filtrierpapier spielte sozusagen die Rolle der Torfstreu, der es in seiner Fähigkeit, Wasser (kapillarisches Aufsaugen) aus dem Torfe aufzusaugen und dann zu verdunsten, sehr ähnlich ist.

Das Glanzpapier hat Ähnlichkeit mit einem Lehmboden und mit einem durch die Hydromasse verstopften Trockenfelde bei trockenem Wetter, da das Papier nicht befähigt war, Wasser aufzusaugen. Es wurden zwei Parallelversuche auf Filtrierpapier und Glanzpapier angestellt, um eine Vorstellung über die Größe der Versuchsfehler zu bekommen.

Die Ergebnisse der Versuche sind in den Tabellen XXIV, XXV, XXVI angeführt.

Tabelle XXIV. Die Versuche wurden in Exsikkatoren mit Wasser ausgeführt (Dampfspannung 12,8 mm Hg); nach 89 Tagen wurden die Torfsoden an die Luft gelegt, um die Entwässerung zu beschleunigen, und nach 14 Tagen wurden sie wiederum in Exsikkatoren mit Wasser übergetragen, um den Einfluß des Filtrier- und des Glanzpapiers auf die Wasseraufnahme der Torfsoden in einem Raume mit gesättigtem Wasserdampf zu untersuchen. Der anfängliche Gehalt an Trockensubstanzen in den Soden betrug 7 Proz.

Tabelle XXV. Die Versuche wurden an der Luft im Laboratorium ausgeführt; alle Soden lagen auf dem Tisch nebeneinander. Der anfängliche Gehalt an Trockensubstanz im Soden betrug 7 Proz.

Tabelle XXVI. Die Untersuchungen wurden in Exsikkatoren bei einer Dampfspannung von 4,6 mm Hg ausgeführt. Nach 17 Tagen wurden die Soden in Exsikkatoren mit reinem Wasser gelegt, um den Einfluß des Filtrier- und Glanzpapiers auf den Prozeß der Wasserauf-

---

[1]) Wolff u. Büchner, Zeitschr. f. physik. Chem. 89, 271.
[2]) P. v. Schroeder, Zeitschr. f. physik. Chem. 45, 109.

nahme von Soden in einem Raume mit gesättigtem Dampf zu untersuchen. Der Anfangsgehalt an Trockensubstanz in den Soden betrug 11,4 Proz.

Tabelle XXIV.
Anfangsgewicht der Soden 200 g.

Zeit des Abwiegens der Soden	Filtrierpapier				Glanzpapier			
	I		II		I		II	
	Gewicht der Soden g	Gewichtsverlust g	Gewicht der Soden g	Gewichtsverlust g	Gewicht der Soden g	Gewichtsverlust g	Gewicht der Soden g	Gewichtsverlust g
Nach								
12 Tagen	148,1	51,9	147,4	52,6	184,8	15,2	187,4	12,6
16 ,,	145,38	54,42	144,44	55,56	182,36	17,64	184,28	15,72
21 ,,	141,45	58,55	140,01	59,99	176,29	23,71	178,05	21,95
26 ,,	138,80	61,20	137,02	62,98	170,00	30,00	171,52	28,48
30 ,,	135,74	64,26	134,42	65,58	162,24	37,76	165,64	34,36
33 ,.	134,86	65,14	133,02	66,98	159,96	40,04	163.66	36,34
40 ,,	132,57	67,43	131,15	68,85	150,69	49,31	155,43	44,57
42 ,,	131,94	67,06	130,60	69,40	148.46	51,54	153,50	46,50
44 ,,	131,40	68,60	130,40	69,40	145,70	54,30	151,18	48,82
47 ,,	130,92	69,08	130,14	69,86	142,91	57,09	148,30	51,70
49 ,,	130,50	69,44	129,64	70,36	141,24	58,76	146,74	53,26
51 ,,	130,38	69,62	129,41	70,53	139,59	61,41	145,12	54,88
54 ,,	129,66	70,34	128,90	71,10	135,54	64,46	141,50	58,50
57 ,,	130,50	69,50	128,06	71,94	133,14	66,86	138,60	61,40
59 ,,	129,80	70,20	128,26	71,74	131,82	68,18	137,32	62,68
68 ,,	128,32	71,68	127,02	72,98	127,62	72,38	133,10	66,90
82 ,,	126,48	73,52	124,30	75,70	126,38	73,62	129,90	70,10
89 ,,	127,04	72,96	125,42	74,58	127,82	72,18	129,80	70,20
Die Soden wurden an die Luft gelegt.								
91 ,,	111,60	89,40	109,24	90,76	111,24	88,76	112,66	87,34
96 ,,	82,60	117,40	80,56	119,44	80,60	119,40	81,30	118,70
98 ,,	72,75	127,25	70,87	129,13	70,78	129,22	71,14	128,86
103 ,,	26,39	173,61	26,32	173,68	25,46	174,54	25,48	174,52
Die Soden wurden von neuem in Exsikkatoren über Wasser gelegt.								
105 ,,	25,98	—	25,72	—	24,69	—	24,54	—
107 ,,	26,18	—	25,84	—-	24,74	—	24,52	—
110 ,,	26,45	—	26,10	—	24,91	—	24,61	-
112 ,,	26,53	—	26,23	—	24,95	—	24,65	—-
115 ,,	26.60	—	26,30	—	24,97	—	24,69	—
117 ,,	26.64	—	26,37	—	25,00	—	24,72	—

Tabelle XXV. Anfangsgewicht der Soden 200 g.

Zeit des Abwiegens der Soden	Filtrierpapier				Glanzpapier			
	I		II		I		II	
	Gewicht der Soden g	Gewichtsverlust g	Gewicht der Soden g	Gewichtsverlust g	Gewicht der Soden g	Gewichtsverlust g	Gewicht der Soden g	Gewichtsverlust g
Nach								
7 Tagen	84,96	115,04	84,84	115,16	129,34	70,66	132,68	67,32
9 „	70,00	130,00	72,28	127,72	115,06	84,94	114,20	85,80
12 „	56,42	143,58	56,91	143,09	94,81	105,19	91,80	108,20
14 „	47,93	152,07	48,52	151,48	82,58	117,42	82,37	117,63
16 „	39,94	160,06	40,66	159,34	72,64	127,36	72,06	127,94
19 „	28,54	171,46	28,94	171,06	56,36	143,64	57,36	142,64
21 „	24,17	175,83	24,01	175,99	45,75	154,25	46,67	153,33
23 „	22,01	177,99	21,58	178,42	34,50	165,50	35,06	164,94
26 „	20,82	179,18	20,38	179,62	24,22	175,78	23,90	176,10
30 „	20,18	179,82	19,72	180,28	20,14	179,86	19,72	180,28
33 „	20,17	179,83	19,72	180,28	19,94	180,06	19,52	180,48

Tabelle XXVI. Anfangsgewicht der Soden 40 g.

Zeit des Abwiegens der Soden	Filtrierpapier				Glanzpapier			
	I		II		I		II	
	Gewicht der Soden g	Gewichtsverlust g	Gewicht der Soden g	Gewichtsverlust g	Gewicht der Soden g	Gewichtsverlust g	Gewicht der Soden g	Gewichtsverlust g
Nach								
3 Tagen	22,44	17,76	22,78	17,22	30,22	9,78	30,14	9,86
6 „	10,29	29,71	10,97	29,03	19,14	20,86	18,96	21,04
8 „	5,06	34,94	5,30	34,70	12,40	27,60	12,18	27,82
11 „	4,34	35,66	4,41	35,59	4,83	35,17	4,85	35,15
13 „	4,33	35,67	4,38	35,62	4,40	35,60	4,52	35,48
15 „	4,30	35,70	4,35	35,65	4,32	35,68	4,43	35,57
17 „	4,30	35,70	4,35	35,65	4,32	35,68	4,42	35,58

Die Soden wurden in Exsikkatoren über Wasser gelegt.

	Filtrierpapier				Glanzpapier			
3 „	4,98	—	5,06	—	4,92	—	5,02	—
5 „	5,08	—	5,18	—	5,01	—	5,10	—
7 „	5,16	—	5,26	—	5,11	—	5,23	—
8 „	5,21	—	5,30	—	5,15	—	5,28	—

Wenn wir die Zahlen der Tabellen XXIV, XXV und XXVI durchsehen, so müssen wir anerkennen, daß die Übereinstimmung der Verlustwerte der Torfe an Wasser in beiden Parallelversuchen sowohl mit Filtrierpapier, wie auch mit Glanzpapier sehr gut ist und die Unterschiede um vieles kleiner sind, als die Unterschiede im Wasserverlust des Torfes auf Filtrier- und Glanzpapier in der ersten Periode des Trocknens. Von dieser Seite betrachtet, sind sie also tadellos und man kann auf ihnen die einen oder anderen Folgerungen aufbauen.

Aus der Tabelle XXIV ist zu ersehen, daß der auf Filtrierpapier liegende Torf viel schneller entwässert wird als der auf dem Glanzpapier liegende. Während einer Periode von 12 Tagen verliert der erste Torf 52,3 g (Mittelwert von zwei Versuchen), der zweite 13,9 g, während 16 Tagen verliert der erste 55 g, der zweite 16,68 g, während 21 Tagen verliert der erste 59,27 g, der zweite 29,24 g. Weiterhin beginnt der mehr entwässerte Torf, der auf dem Filtrierpapier lag, langsamer Wasser abzugeben, während der auf dem Glanzpapier liegende die frühere Geschwindigkeit der Wasserabgabe beibehält. Infolgedessen beginnt der zweite Torf den ersten in bezug auf das Maß der Entwässerung einzuholen, und endlich wird am 68. Tage des Trocknens die Menge des von beiden Torfen verlorenen Wassers gleich. Von da ab entwässern sich beide Torfe mit derselben Geschwindigkeit.

Dieser Unterschied äußert sich noch schärfer beim Trocknen der Torfe an der Luft (Tabelle XXV) und ist deutlich auch beim Trocknen von kleinen Einwaagen des Torfes (49 g) in Exsikkatoren mit geringer Spannung des Wasserdampfes (4,5 mm Hg) zu bemerken; er liegt weit außerhalb der Grenzen der Versuchsfehler (Tabelle XXVI).

Die angeführten Ergebnisse der Laboratoriumsuntersuchungen stellten die Abhängigkeit der Geschwindigkeit und des Grades der Entwässerung von koaguliertem mit Gips und nichtkoaguliertem Hydrotorf von der Spannung des Wasserdampfes im umliegenden Raume fest. Diese Untersuchung zeigt außerdem einen sehr großen Einfluß auf die Geschwindigkeit der Entwässerung des Bodens, auf welchem der Torf liegt während des ersten Stadiums der Entwässerung, d. h. wenn der Torf das abpreßbare Wasser verliert (richtiger Kapillarwasser).

Wenn der Torf auf einem genügend trockenen Boden mit gut entwickeltem Kapillarnetz liegt (bei den Laboratoriumsversuchen — Filtrierpapier, im Felde — Torfstreu), so wird ein solcher Boden einen Teil des im Torf befindlichen Kapillarwassers aufsaugen und dann dieses Wasser durch Verdunstung in die Luft abgeben. Infolgedessen wird das im Torf befindliche Kapillarwasser nicht nur von der Ober-

48

fläche des Sodens verdunsten, sondern auch von der Oberfläche das
dem Soden anliegenden Bodens; auf diese Weise wird das erste Ste-
dium der Entwässerung stark beschleunigt.

Wenn aber der trocknende Soden auf einem nichtkapillaren Boden
liegt (bei dem Laboratoriumsversuche — Glanzpapier, und bei gewerb-
lichem Betrieb — Lehmboden oder die durch die Hydromasse stark verstopften Trockenfelder auf einem Torfmoore), so wird er Wasser nur
von der eigenen freien Oberfläche in die Luft abgeben; in diesem Falle
wird der Prozeß der Entwässerung des Torfes im ersten Stadium verlangsamt. Wenn aber der nichtkapillare Boden stark bewässert wird,
so gibt der auf ihm liegende Soden durch seine freien Oberflächen Wasser
ab, doch mit der unteren Oberfläche, die mit dem feuchten Boden in
Berührung kommt, wird er Wasser aus dem Boden aufnehmen. Auf
diese Weise muß der Torfsoden erst zum Trocknen der Unterlage bei-
tragen und dann erst selbst entwässert werden, was natürlich in hohem
Grade den Trocknungsprozeß des Torfes verlangsamen wird. Aus
dem Gesagten kann man folgende praktische Schlußfolgerungen ziehen:
Die Trockenfelder müssen auf einem nicht tiefen Torfmoor liegen,
das mit Torfstreu bedeckt sein muß. Die Felder müssen gut dräniert
sein, um das Wasser von den oberen Schichten des Bodens abzuführen.
Die Soden müssen mit möglichst großen Zwischenräumen voneinander
abgelegt sein, damit der Boden des Trockenfeldes an der Verdunstung
des Wassers in die Luft Anteil nimmt.

Die erste Anforderung wird immer beim Maschinentorf und ge-
baggertem Torf, doch nicht immer bei dem Abspritzverfahren erfüllt.
Die zweite Anforderung beobachtet man bei der Organisation der Torfwirtschaft, dabei aber werden die Dräniergräben vernachlässigt und
sind in den meisten Fällen verschüttet. Die dritte Anforderung wird
bei der Baggermethode der Torfgewinnung mit mechanisiertem Ab-
leger erfüllt, und beinahe nie bei Anwendung von Handarbeit; dieser
Anforderung wird bei Hydrotorf genügt durch mechanische Form-
pressung der Hydromasse.

Beim Maschinentorf werden die Trockenfelder auf ihrer Oberfläche keinerlei Veränderungen unterworfen. Beim Abspritzverfahren
der Torfgewinnung ändern die Trockenfelder nach jedem Ausguß der
Hydromasse ihre Eigenschaften in der oberen Schicht in bedeutendem
Maße. Die ausgegossene Hydromasse gibt am Boden nicht nur Wasser
ab, sondern auch die in der Torfmasse suspendierten aufgequollenen
Teilchen, welche alle Poren und Kapillargänge der oberen Schicht
des Trockenfeldes verstopfen und dieselbe in eine Oberfläche verwandeln,

die ganz unfähig ist, das Wasser von den Torfsoden aufzusaugen und
es in die tieferen Schichten des Bodens durchzufiltrieren. Bei einem
neuen Ausguß der Hydromasse wird die Entwässerung auf einem
solchen Felde sehr langsam vor sich gehen, da das Wasser beinahe
fast gar nicht in den Boden durchfiltriert, sondern nur durch Verdunsten
in die Luft abgegeben wird.

Alles dieses wird durch Laboratoriumsversuche beim Filtrieren
der Hydromasse durch eine Torfschicht[1]) und durch Beobachtungen
beim Trocknen des Hydrotorfes im Betrieb bestätigt.

Die Verstopfung der obersten Schicht der Trockenfelder mit dem
ausgegossenen Hydrotorf gestaltet die Bedingungen der weiteren Entwässerung nach der Formung des Torfes äußerst ungünstig. Die Soden
liegen auf einem mit Wasser gesättigten Boden, der nicht imstande ist,
das Kapillarwasser aus den Soden aufzusaugen. Letztere können nur
durch Verdunstung des Wassers in die Luft entwässert werden, aber
auch dieser Prozeß wird bei den Soden des Hydrotorfes in großem Maße
verlangsamt, da dieselben in einer mit Wasserdampf gesättigten Atmosphäre liegen. Der Dampf steigt dabei in die Luft aus der stark bewässerten oberen Schicht des Trockenfeldes. Auf diese Weise werden die
ersten zwei Stadien der Entwässerung des Hydrotorfes infolge der
Verstopfung der obersten Schichten der Trockenfelder mit aufgequollenen Torfgelen stark verlangsamt. Dabei sind diese Stadien des Trocknens die wichtigsten, da vom Gange derselben die Beschaffenheit des
Torfes als Brennstoff abhängt. Eine schnelle Entwässerung des Torfes
bis zu 80 Proz. Feuchtigkeitsgehalt garantiert schon vor einer Schädigung durch Regen und sichert ein Trocknen bis zu einer normalen
Feuchtigkeit von 25—30 Proz. Langsames Trocknen im ersten Stadium der Entwässerung ist mit einem Risiko verbunden, da der Torf
durch Regen geschädigt werden kann. Diese Frage der Schädigung
des Torfes beim natürlichen Trocknen wird weiter unten besprochen
werden.

Der Einfluß des Zustandes der Trockenfelder auf den Gang des
Entwässerungsprozesses beim Hydrotorf ist den Ingenieuren wohl
bekannt, die eine Reihe von Maßnahmen gegen das Verstopfen der
obersten Schicht der Trockenfelder vorgeschlagen haben. Diese Maßnahmen sind auf Beseitigung der Folgen der Verstopfung gerichtet,
durchaus nicht auf ein Vorbeugen des Verstopfens an und für sich.
Mit anderen Worten zielen alle von Ingenieuren vorgeschlagenen Maßnahmen dahin, dem verdorbenen Trockenfelde seine Fähigkeit zu fil-

---

[1]) Siehe Kapitel „Das Wasser des Torfes".

trieren und Wasser aufzusaugen wiederzugeben. Dies wird erreicht durch Gerinnen der stark aufgequollenen Gele, die aus der Hydromasse in die obere Schicht des Feldes eingegangen sind mit Hilfe von Naturkräften: der Sonne, des Windes und des Frostes. Für solches Gerinnen ist viel Zeit nötig, und die Lösung der Frage besteht in einem einmaligen Ausguß des Hydrotorfes während der Saison auf jedem Trockenfelde, was allerdings eine sehr große Fläche der Trockenfelder erfordert.

Das Einwirken der Naturkräfte auf die Trockenfelder während eines heißen Sommers geht sehr energisch vor sich und führt schnell zum Ziele; während eines regnerischen Sommers aber muß den Naturkräften geholfen werden, um die natürliche Koagulation der oberen Schicht der Trockenfelder zu beschleunigen. Zu diesem Zweck muß man die oberste Schicht der Felder auf mechanische Weise lockern, um die Berührungsfläche mit der Luft zu vergrößern. Solche Lockerung des Bodens verursacht ein schnelleres Austrocknen des Bodens bei heißem Wetter, folglich ein unreversibles Gerinnen der Torfkolloide. Ein fräsiertes Feld stellt bei gutem Wetter im Laufe einer Woche seine Fähigkeit zu filtrieren und Wasser aufzusaugen gänzlich wieder her. Während schlechten Wetters aber wird ein fräsiertes Feld stärker bewässert, als ein nicht fräsiertes. Man muß nicht vergessen, daß es nicht genügt nur zu fräsieren, die Einwirkung von Sonne und Wind ist außerdem nötig. Einen großen Fehler begehen diejenigen Ingenieure, welche das Feld vor dem Aufguß der Hydromasse fräsieren; dadurch wird das Feld bedeutend geschädigt.

Es ist besser, den irrationalen Kampf mit den Folgen der Verstopfung der obersten Schicht der Trockenfelder durch einen rationalen Kampf mit der Erscheinung der Verstopfung selbst zu ersetzen. Diese Erscheinung kann durch die Wirkung eines Elektrolyts auf die Hydromasse und die Trockenfelder ersetzt werden; unter den Elektrolyten ist in bezug auf Aktivität und Billigkeit der geeignetste natürlicher Gips. Die günstige Wirkung des Gipses auf die Geschwindigkeit der Wasserabgabe der Hydromasse, auf Durchfiltrieren in den Boden und auf die Beschaffenheit des Bodens ist durch Laboratoriumsversuche, die oben beschrieben sind, bewiesen. Es ist ganz unmöglich, dies durch Versuche im Betrieb während der Saisonarbeit ohne besondere Einrichtungen zu beweisen, da es niemals möglich sein wird, den mit Gips koagulierten und den nichtkoagulierten Hydrotorf in genau dieselbe Lage zu bringen. Man kann unter günstigen Bedingungen einige einzelne Trocknungsversuche auf den Feldern mit dem einen oder anderen Torf durchführen. Solche günstige Bedingungen wurden im Jahre 1922 von der Staatlichen Kommission zur Untersuchung des Abspritzverfahrens geschaffen. Diese Kommission konnte zu den Versuchen die entsprechenden Felder aussuchen, die darauf nach Anweisung der Kommission mit koagulierter

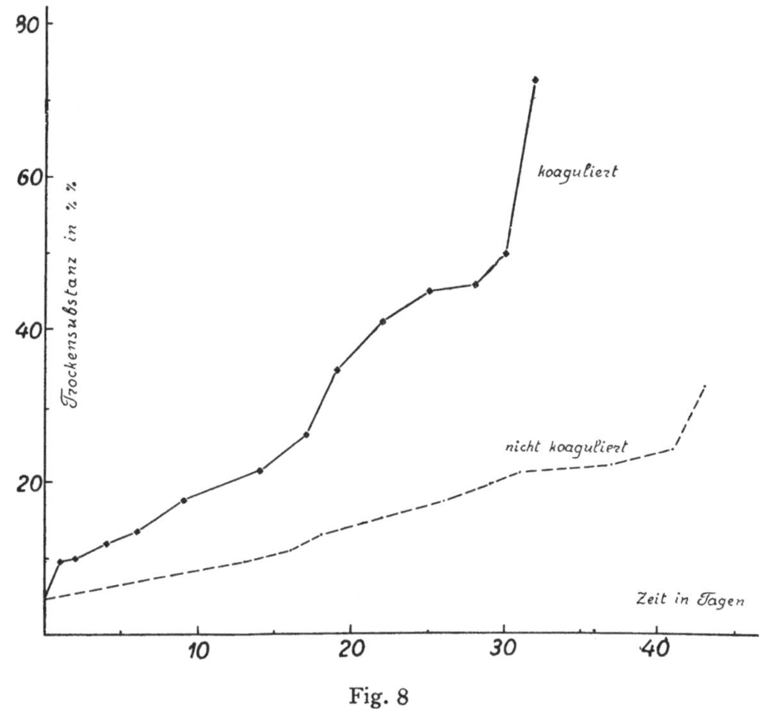

Fig. 8

und nichtkoagulierter Hydromasse begossen wurden. Die Ergebnisse der Beobachtungen des Trocknungsprozesses auf diesen Feldern sind in den Tabellen XXVII, XXVIII[1]) angeführt (Diagramm Fig. 8).

Tabelle XXVII.

Koagulierter Hydrotorf. Anfangsgehalt an Trockensubstanz 4,5 Proz.

Nach 1 Tag Gehalt an Trockensubstanz . . . . Proz. 9,5
,, 2 Tagen ,, ,, ,, ... ,, 10 0
,, 3 ,, ,, ,, ,, (geformt) . . ,, 11.0
,, 4 ,, ,, ,, ,, ... ,, 12 0
,, 5 ,, ,, ,, ,, ... ,, 13,0
,, 6 ,, ,, ,, ,, ... ,, 13,7
,, 7 ,, ,, ,, ,, ... ,, 16,3
,, 8 ,, ,, ,, ,, ... ,, 16,2
,, 9 ,, ,, ,, ,, ... ,, 17,5

[1]) G. L. Stadnikoff, Hydrotorf (1923), 156—160.

52

Nach 10 Tagen Gehalt an Trockensubstanz . . . . . . Proz. 17,4
„ 12 „ in Häufchen von 5 St. aufgesetzt
„ 14 „ Gehalt an Trockensubstanz . . . . . . „ 21,7
„ 16 „ in Häufchen aufgesetzt
„ 17 „ Gehalt an Trockensubstanz . . . . . „ 26,2
„ 18 „ „ „ „ . . . . . „ 27,6
„ 19 „ „ „ „ . . . . . „ 35,1
„ 20 „ „ „ „ . . . . „ 46,3
„ 22 „ „ „ „ . . . . . „ 41,1
„ 23 „ „ „ „ . . . . . „ 40,0
„ 25 „ „ „ „ . . . . . „ 44,8
„ 26 „ „ „ „ . . . . . „ 51,6
„ 27 „ in große Haufen aufgesetzt
„ 28 „ Gehalt an Trockensubstanz . . . . . „ 46,0
„ 30 „ „ „ „ . . . . . „ 50,0
„ 32 „ „ „ „ . . . . . „ 73,7
„ 33 „ gestapelt.

Tabelle XXVIII.

Nichtkoagulierter Hydrotorf. Anfangsgehalt an Trockensubstanz 4,5 Proz.

Nach 13 Tagen enthält Trockensubstanz . . . . . . Proz. 9,5
„ 16 „ „ „ . . . . . . „ 11,2
„ 17 „ „ „ (geformt) . . „ 11,1
„ 18 „ „ „ . . . . . . „ 13,3
„ 19 „ „ „ . . . . . . „ 12,2
„ 26 „ „ „ . . . . . . „ 17,7
„ 27 „ in Häufchen von 5 Stücken aufgesetzt
„ 28 „ enthält Trockensubstanz . . . . . „ 20,6
„ 29 „ „ „ . . . . . . „ 19,8
„ 31 „ „ „ . . . . . . „ 21,2
„ 32 „ „ „ . . . . . . „ 18,6
„ 34 „ „ „ . . . . . . „ 18,3
„ 35 „ „ „ . . . . . . „ 18,0
„ 37 „ „ „ . . . . . . „ 22,4
„ 39 „ „ „ . . . . . . „ 21,2
„ 41 „ „ „ . . . . . . „ 24,4
„ 42 „ „ „ . . . . . . „ 32,1
„ 43 „ „ „ . . . . . . „ 32,7
„ 44 „ in kleinen Haufen aufgesetzt
„ 45 „ enthält Trockensubstanz . . . . . „ 32,5

Diese Ergebnisse schließen jeden Zweifel über die günstige Einwirkung des Gipses auf die Geschwindigkeit der Entwässerung des
Hydrotorfes beim Trocknen unter natürlichen Bedingungen aus. Man
muß damit rechnen, daß die endgültige Wirkung, wie die Laboratoriums-

versuche zeigen, erst nach einem dreimaligen Aufguß des koagulierten
Hydrotorfes auf ein und dasselbe Feld erzielt werden kann, da die aus
der ausgegossenen Hydromasse abfiltrierende Gipslösung den Boden
durchkoagulieren muß, um ihn zum Durchlassen des vom Hydrotorf
abgegebenen Wassers fähiger zu machen.

Eine sorgfältige und genaue Berechnung muß ermitteln, ob es vor-
teilhafter ist, die Trockenfelder einmal in der Saison zu begießen und
in Verbindung damit die Oberfläche der Trockenfelder wenigstens zwei-
mal zu vergrößern, wobei man dieselben von Zeit zu Zeit fräsieren muß,
oder ob es einfacher und billiger ist, zur Koagulierung der Hydromasse
Gips anzuwenden.

Ist das erste Stadium der Entwässerung des Hydrotorfes oder
des Maschinentorfes günstig verlaufen, und ist es gelungen, die Soden
in kleinen Haufen von dem Boden zu heben, so wird das weitere Trocknen sogar bei nicht besonders günstigem Wetter befriedigend verlaufen

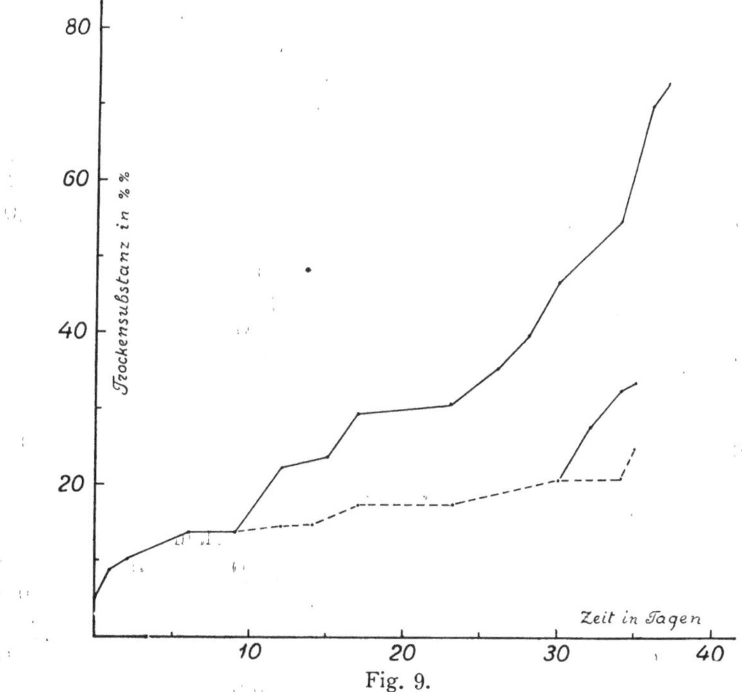

Fig. 9.

und zur Gewinnung eines guten Brennstoffes führen. Man muß nur
aufmerksam den Gang der Entwässerung des Torfes verfolgen und
rechtzeitig die nötigen Trocknungsoperationen ausführen.

Die Wirkung der Maßnahmen auf den Gang des Trocknens

des Torfes ist aus Tabelle XXIX und Diagramm (Fig. 9) zu ersehen . In denselben sind die Ergebnisse des Trocknens des Torfes, von dem die Hälfte bei jeder Operation in der früheren Lage gelassen wurde, enthalten.

Tabelle XXIX.[1]

Nach 1 Tag Gehalt an Trockensubstanz Proz. 8,7
  ,,   2 Tagen ,,   ,,   ,,   ,,   10,1 (man konnte formen, es wurde aber nicht getan)
  ,,   3 ,, ,,   an Trockensubstanz Proz. 10,9
  ,,   4 ,, ,, ,,   ,,   ,,   10,4 (geformt)
  ,,   5 ,, ,, ,,   ,,   ,,   11,2
  ,,   6 ,, ,, ,,   ,,   ,,   13,9
  ,,   7 ,, ,, ,,   ,,   ,,   13,6
  ,,   9 ,, ,, ,,   ,,   ,,   13,8
  ,,   10 ,,   die Hälfte des Feldes wurde in Haufen von 5 Soden aufgehoben, die andere Hälfte in Reihen liegen gelassen

	Haufen zu 5 St.	Reihen
,, 12 Tagen Gehalt an Trockensubstanz Proz.	22,2	14,6
,, 14 ,, ,, ,, ,, ,,	23,2	14,9
,, 15 ,, ,, ,, ,, ,,	23,3	15,9
,, 16 ,, ,, ,, ,, ,,	26,2	14,6
,, 17 ,, ,, ,, ,, ,,	29,3	16,7
,, 18 ,, ,, ,, ,, ,,	27,5 (in kleinen Haufen)	17,4
,, 20 ,, ,, ,, ,, ,,	25,8	17,0
,, 21 ,, ,, ,, ,, ,,	28,1	14,1
,, 23 ,, ,, ,, ,, ,,	30,6	17,6
,, 24 ,, ,, ,, ,, ,,	27,2	17,2
,, 25 ,, ,, ,, ,, ,,	27,0	17,3
,, 26 ,, ,, ,, ,, ,,	35,4	17,3
,, 27 ,, ,, ,, ,, ,,	37,4	17,6
,, 28 ,, ,, ,, ,, ,,	39,8 (große Haufen)	17,8
,, 30 ,, ,, ,, ,, ,,	46,7	20,7
,, 31 ,, ,, ,, ,, ,,	49,7	18,9

(die Hälfte der Reihen ist in Haufen zu 5 St. aufgehoben)

		Haufen zu 5 St.	Reihen
,, 32 ,, Gehalt an Trockensubstanz Proz.	51,0	27,0	18,2
,, 34 ,, ,, ,, ,, ,,	54,9	32,6	20,9

(keine Häufchen)

,, 35 ,, ,, ,, ,, ,,	—	33,7	25,0
,, 36 ,, ,, ,, ,, ,,	70,0	—	—
,, 37 ,, ,, ,, ,, ,,	73,0 (die Beobachtungen		

wurden abgebrochen)

(Gestapelt.)

---

[1] Stadnikoff, Hydrotorf (1923), 156—158.

Die angeführten Zahlenwerte zeigen, daß es nötig ist, den Torf so schnell wie möglich von dem Boden in die Luft zu heben. Die Belassung des Torfes auf dem Boden (in Reihen) bewirkt in einem bestimmten Stadium einen beinahe völligen Stillstand der Entwässerung. Daraus folgt, daß alle Soden, die nach dem ersten Aufschichten in kleinen Häufchen (zu 5) auf dem Boden liegen bleiben, in ihrer Entwässerung stark gegen die aufgeschichteten, in denselben Häufchen befindlichen Soden zurückbleiben. Um diesen Unterschied auszugleichen und einen gleichmäßigeren Brennstoff zu erhalten, muß man während des Trocknens des Torfes die obersten Soden nach unten auf den Boden legen und die untersten obenauf. So geschieht es bei richtiger Arbeit von selbst.

Veränderungen des Torfes beim Trocknen unter natürlichen Verhältnissen.

Bei der Entwässerung des Torfes durch Verdunstung des Wassers in die Atmosphäre wird in erster Reihe das abpreßbare Wasser entfernt. Der Wasserverlust des Torfes ist mit keiner bedeutenden Volumenänderung der Soden und einer merklichen Verringerung der Plastizität des Torfes verbunden. Nach Verlust dieses Wassers behält der Torf die Fähigkeit, von neuem Wasser aufzusaugen und die frühere Konsistenz aufzunehmen. In diesem Stadium der Entwässerung ist der Torf sehr empfindlich gegen Regen und erreicht seinen früheren Feuchtigkeitsgehalt, wenn der Regen genügend lange andauert. Nach Annahme der früheren Konsistenz läßt der Torf in der Folge leicht Regentropfen und Wasserstrahlen mechanisch auf sich einwirken, wodurch aus ihm die am meisten plastischen und die beweglichsten, stark aufgequollenen Humusstoffe ausgewaschen werden, was zu einer Verminderung der am meisten wärmegebenden Stoffe und zur Vermehrung des Fasermaterials führt. Ein Torf, der auf diese Weise seine Beschaffenheit geändert hat und vor dem zweiten Regen das erste Stadium der Wasserabgabe nicht durchmachte, wird eine noch größere Fähigkeit zum Wasseraufsaugen bei neuem Regen haben und wird seine Humusteile unter Einwirkung der Regentropfen und Wasserstrahlen verlieren. Durch mehrmalige Regengüsse kann ein stark zersetzter Torf in eine faserige, lockere Masse verwandelt werden, die leicht eine bedeutende Wassermenge aufsaugt und in wärmetechnischer Hinsicht ein minderwertiges Produkt darstellt.

Auf diese Weise wird ein Torf, der das abpreßbare Wasser nicht verloren hat und nicht in das zweite Stadium der Verdunstung des Quellungswassers übergegangen ist, immer Befürchtung über seine Brauchbarkeit erwecken. Deshalb ist besonders große Aufmerksamkeit in bezug auf das Trocknen des Torfes im ersten Stadium nötig. Es muß für einen guten Zustand der Trockenfelder vor dem Ablegen des Maschinentorfes und besonders vor dem Ausguß des Hydrotorfes gesorgt werden. Während des Trocknens muß man jeden Tag zur Hebung des Torfes in Häufchen zu fünf Soden ausnutzen.

Sobald der Torf beginnt das Quellungswasser durch Verdunstung abzugeben, gehen in ihm eine Reihe sehr wichtiger Veränderungen vor sich. Wie oben gesagt, wird das Volumen eines jeden aufgequollenen Gels beim Trocknen stark verringert. Eine solche Volumenverringerung werden auch die trocknenden Torfgele zeigen, d. h. hauptsächlich die Humusstoffe. Das Fasermaterial, welches aus Zellulose und Lignine besteht und verhältnismäßig wenig aufquillt, wird beim Trocknen weniger im Volumen abnehmen.

Da der Wasserverlust der Humusstoffe auf den entblößten Ober·flächen des Sodens, hauptsächlich auf der oberen aber weniger auf den vier Seitenflächen, vor sich gehen wird, so erfolgt auch die Volumen·verringerung in der dünnen oberen Schicht auf diesen Oberflächen, hauptsächlich auf der oberen. Die erste Folge einer solchen Ver·ringerung wird eine Verkrümmung des Sodens sein, falls er dünn ist, sowie Auftreten von Rissen, wenn der Soden dick ist. Die Volumenver·ringerung und die damit verbundene Rissebildung im Soden werden um so größer sein, je weiter der Zersetzungsgrad des Torfes vorgescnritten ist, d. h. je mehr er Humusstoffe enthält.

Als zweite Folge einer Volumenverringerung in den dünnen oberen Schichten wird die Entwicklung eines gewissen Druckes auf die inneren Teile des Sodens und die damit verbundene Verdichtung der nicht aus·getrockneten plastischen Masse des Torfes sein. Durch Bildung einer dicken und festen Rinde findet eine starke Setzung des Sodens unter Entwicklung eines bedeutenden Druckes auf die inneren Schichten statt, wobei ein dichter spezifisch schwerer Torf mit geringer Fähigkeit Wasser aufzunehmen entsteht. Bei einer dünnen und schwachen oberen Rinde werden im Soden Risse auftreten und der Druck auf die inneren Schichten wird fallen, was das Entstehen eines weniger dichten Sodens mit großer Fähigkeit Wasser aufzunehmen bedingt.

Die Dichtigkeit der Oberfläche der Rinde hängt wiederum haupt·sächlich von drei Ursachen ab: der Entwässerungsgeschwindigkeit, dem Zersetzungsgrade des Torfes und seiner Homogenität; letztere hängt von der Bearbeitungsmethode der rohen Torfmasse ab. Bei schneller Ent·wässerung des Sodens (bei heißem Wetter) bildet sich in kurzer Zeit eine ziemlich dicke und scheinbar feste Rinde. Der durch das Entstehen dieser Rinde hervorgerufene Druck auf die inneren Schichten des Sodens begegnet einer Gegenwirkung von seiten der rohen Masse, welche nicht so schnell entwässert und im Volumen verringert wird. Infolgedessen wird die Rinde an vielen Stellen durchbrochen unter Bildung von Rissen auf der Oberfläche des Sodens. Die Stärke der Rinde allein schützt nicht vor der Bildung von Rissen.

Eine viel größere Bedeutung hat der Zersetzungsgrad des Torfes. Je mehr in ihm stark aufgequollene Humusstoffe vorhanden sind, um so homogener ist die Torfmasse und um so fester wird die entstehende Rinde. Die Humusstoffe, welche kein Fasermaterial enthalten, trocknen ohne jegliche Risse zu einer dichten klingenden Masse ein. Je mehr dagegen dem Humusstoff Fasermaterial zugemischt ist, und je weniger homogen die Masse ist, um so schwächer wird die oberflächliche Rinde sein. Daraus folgt selbstverständlich, daß für ein und denselben Torf die Rinde um so fester sein wird, je besser die rohe Masse verarbeitet ist und je gleichmäßiger in ihr die Humusstoffe zwischen dem Fasermaterial verteilt sind. Deshalb bildet der Maschinentorf auf seiner Oberfläche eine schwache Rinde, welche stark rissig ist. Der Hydrotorf stellt eine homogene Torfmasse dar, und deshalb sieht man auf den Soden des Hydrotorfes niemals Risse.

Ganz besondere Änderungen treten in demjenigen Torf auf, der nicht rechtzeitig bis auf 50 Proz. Wassergehalt entwässert wurde und unter Wirkung des Frostes kommt. Ein gefrorener roher Torf ist koaguliert und hat infolgedessen eine körnige Struktur, die man mit unbewaffnetem Auge sehen kann. Er erhält dadurch lockere Beschaffenheit, welche sich noch vermehrt, weil das gefrorene Wasser infolge seiner Ausdehnung die ganze Torfmasse zum Aufquellen bringt. Die Frühlingsregen werden aus dem gelockerten Torf viel Humusstoffe ausschwemmen und denselben in eine schwammige, zur Wasseraufnahme geneigte Masse mit geringem Heizwert verwandeln.

Künstliche Entwässerung des Torfes.

Jeder Betrieb, welcher in allen seinen Stadien vom Anfang bis zum Ende keinen Zwangscharakter trägt und nicht vollständig von dem Willen des Menschen abhängig ist, bleibt primitiv und wird niemals im vollen Sinne des Wortes mechanisiert werden. Ein solcher Betrieb kommt folglich niemals zu großer industrieller Entwicklung und behält in einigen Teilen immer einen handwerklichen Charakter mit äußerst kleiner Produktionsfähigkeit des Arbeiters bei.

Ein typisches Beispiel eines solchen Betriebes ist die Saisongewinnung des Torfes. Wenn die Leistungsfähigkeit der Maschinen, die den Torf abbauen, auch noch so groß ist, so kann die Gewinnung des Brenntorfes auf der gegebenen Fläche des Torfmoores nur bis zu einer gewissen Grenze wachsen, die sie niemals überschreiten kann. Bei starken und außerordentlich leistungsfähigen Baggermaschinen wird die Entwicklung des Betriebes durch die Größe der Trockenfelder und durch das Heer der Arbeiterinnen gehemmt.

Die Leistungsfähigkeit der Baggermaschinen mag noch so groß sein, es kann der Selbstkostenpreis des Torfes nur bis zu einer Grenze herabgesetzt werden, und nur unter der Bedingung, daß der Arbeitslohn der Arbeiterinnen nicht erhöht wird. Das Heer der Arbeiterinnen und die sehr niedrige Produktion durch Handarbeit werden eine Grenze zur Herabminderung der Selbstkosten des Torfes ziehen.

Die Hoffnung, daß es möglich sein wird, das Trocknen des Torfes unter natürlichen Verhältnissen zu mechanisieren, ist bis jetzt nicht erfüllt worden. Es ist unmöglich, eine Maschine zu erfinden, welche die Soden in Häufchen zu je fünf Stück absetzen kann; ebenso wird es niemandem möglich sein, ein Mittel zu finden, um das Wetter den Interessen der Torfwirtschaft gemäß zu regulieren.

Es ist klar, daß die Aufgabe einer künstlichen Entwässerung des Torfes auf einer Fabrik, wo alle Operationen mechanisiert sind, eine der interessantesten Aufgaben der Torftechnologie ist und sein wird. Deshalb wollen wir in kurzen Zügen die Geschichte zur Lösung dieser Aufgabe von der Zeit des Auftretens dieser Frage über künstliche Entwässerung des Torfes bis auf unsere Tage darlegen. Dann sollen die Grundlagen zur Lösung dieser Aufgabe unter Berücksichtigung der letzten wissenschaftlichen Errungenschaften besprochen, sowie die Richtung gezeigt werden, in der man die Antwort auf diese interessante Frage suchen muß.

Bei der Lösung der Aufgabe der künstlichen Entwässerung des Torfes muß man folgende Stadien des Prozesses im Auge haben:

1. das Abbauen des Rohtorfes,
2. den Transport des Rohtorfes mit 90 Proz. Wassergehalt zur Entwässerungsfabrik,
3. die Entwässerung durch mechanisches Abpressen,
4. Nachtrocknung des abgepreßten Torfes durch Wärme.

Alle diese Prozesse müssen von Anfang bis zum Ende mechanisiert sein, alle Operationen müssen schnell verlaufen, und der zu entwässernde Torf muß die ganze Fabrik in der Zeit von nicht mehr als zwei Stunden durchlaufen. Jede Verlangsamung des Entwässerungsprozesses veranlaßt Vermehrung der Anzahl teurer Einrichtungen und Maschinen und verteuert die Produktion.

Der Wassergehalt des abgepreßten Torfes darf nicht höher als 62 Proz. sein, da sonst die Wärmenachtrocknung unrentabel wird.

Die von Ekenberg patentierte Methode der Koagulierung des Torfes durch Erwärmung bis 180° und nachfolgendes mechanisches Abpressen wurde betriebsmäßig in Schottland von der englischen Gesellschaft „Wet Carbonising Co." versucht. Der Versuch fiel negativ aus, was auf Grund folgender Erwägungen zu erwarten war.

Nach der Methode von Ekenberg wird der Rohtorf in Autoklaven erwärmt, um dem Auskochen des Wassers und den mit demselben verbundenen großen Verlust an Wärme vorzubeugen. Eine elementare Berechnung zeigt, daß eine Erwärmung des Rohtorfes bis auf 180° und ein Nachtrocknen durch Wärme des abgepreßten Torfes von 50 Proz. bis zu 25 Proz. Wassergehalt bei einem Wirkungsgrad der Anlage von 70 Proz. einen Aufwand von ungefähr 65 Proz. des ganzen Brennstoffes, der bei der Entwässerung erzeugt wird, verlangt. Die übrigen 35 Proz. Brennstoff werden für Gewinnung, Transport des Torfes zur Fabrik und für Arbeit der Maschinen aufgewendet, wenn überhaupt diese Menge an Brennstoff für alle Operationen genügen wird, woran gezweifelt werden kann. Deshalb verlangt die Methode von Ekenberg eine Regenerierung der aufgewandten Wärme. Diese Regenerierung wird durch Vorerwärmung des Rohtorfes, der in die Autoklaven kommt, durch den Torf, welcher aus den Autoklaven herauskommt, erzielt. Der heiße Torf bewegt sich aus dem Autoklaven durch eine Röhre, die durch eine andere Röhre umhüllt ist, durch die in entgegengesetzter Richtung zum Autoklaven der Rohtorf lief. Diese Änderung des Prozesses gab ohne Zweifel die Möglichkeit, eine bedeutende Menge der für die Erwärmung des Torfes in dem Autoklaven aufgewandten Wärme auszunutzen. Aber gleichzeitig verlangte diese Änderung einen neuen Wärmeaufwand. Diese Methode der Regeneration erfordert ein Pumpen des Torfes durch Röhren, was wiederum eine Verdünnung des Rohtorfes mit der geringsten Menge gleichen Volumens Wasser nach sich zieht, da der plastische Torf von keiner Pumpenart durch Röhren gedrückt werden kann. Eine solche Verdünnung der Rohmasse durch Wasser vernichtet die ganze Wirkung der Wärmeregenerierung, da auf ein und dieselbe Menge der Trockensubstanz des Torfes, welcher in die Autoklaven kommt, eine doppelte Menge Wasser erwärmt werden muß.

An denselben Mängeln leiden auch die Verbesserungen der Methode Ekenberg, so die Methoden von ten-Bosch und De Laval.

Die Koagulation des Torfes durch Einfrieren (Methode Alexanderson) ist technisch nicht versucht worden, was ganz verständlich ist. Ein künstliches Einfrieren und Auftauen des Torfes verlangt größeren Energieaufwand, als ein auf diese Weise entwässerter Torf liefern kann. Die Anwendung des natürlichen Einfrierens und Auftauens des Torfes wird zu einer Saisonarbeit führen mit Gefrier- und Taufeldern anstatt Trockenfeldern. Dies verlangt eine große Anzahl von Arbeitern zum Ablegen des Torfes vor dem Einfrieren und für das Sammeln desselben nach dem Auftauen. Auch müßte man den eingefrorenen Torf zerhacken, da sonst die großen Stücke infolge der niedrigen Wärmedurchlässigkeit der Torfmasse nicht auftauen würden. Aus der Praxis der Torfheizung sind Fälle bekannt, wo eingefrorene Torfsoden durch den Kettenrost und mit Eisstücken im Innern in den Aschenraum fielen.

Das elektroosmotische Verfahren (Graf Schwerin) wurde technisch in Ostpreußen beim Torfwerk Wildendorf versucht und gab ein negatives Resultat.

Die Methode von Schwerin gründet sich auf die Kataphorese. Gut zerriebener Torf (in zwei Mühlen verarbeitet) wird mit Dampf auf 45—50 ^{0} erwärmt und in den Raum zwischen den Elektroden unter einem Druck von 2—4 Atmosphären gepumpt. Die Schicht des Torfes zwischen den Elektroden beträgt 10—15 cm. Unter dem Einfluß des direkten Stromes bewegen sich die negativ geladenen Teilchen des Torfes zur Anode, wo sie ihre Ladungen verlieren und sich zu größeren Aggregaten zusammenballen (koagulieren). Das Wasser sammelt sich bei der Kathode, welche als Filtrierplatte wirkt, und entweicht unter Druck aus dem Apparat. In diesem sehr teueren Apparat muß die dünne Torfschicht ungefähr 50 Minuten verweilen, damit nach Angaben der Firma Graf-Schwerin-Gesellschaft ihr Feuchtigkeitsgehalt von 90 Proz. auf 68 Proz. sich verringert. Der Verbrauch an elektrischer Energie beträgt 130 kw auf eine Tonne Trockensubstanz. Es ist leicht zu ersehen, daß diese Methode schon des niedrigen Entwässerungsgrades wegen — 32 Proz. der Trockensubstanz im Endprodukt — nicht rentabel sein kann; solch ein Produkt kann nicht wirtschaftlich nachgetrocknet werden. Offenbar aus diesem Grunde schlägt die Graf-Schwerin-Gesellschaft vor, den in ihrem Apparat entwässerten Torf an der Luft nachzutrocknen, d. h. die künstliche Entwässerung des Torfes in eine Saisonarbeit umzuwandeln. Außerdem verlangt diese Arbeitsweise eine umfangreiche Apparatur, die nur sehr kleine Leistungsfähigkeit verspricht.

Ganz unaufgeklärt bleiben bei dieser Methode das Verhalten der Fasermasse des Torfes bei der Elektrolyse und die Entladung des Apparates nach der Torfentwässerung. Es besteht kein Zweifel, daß in der elektroosmotischen Zelle zur positiven Elektrode nur stark dispergierte Humusstoffe sich bewegen werden, wobei die ganze Fasermasse des Torfes, die gewöhnlich ungefähr 29—30 Proz. der ganzen Trockensubstanz beträgt, unbeweglich bleiben wird. Auf diese Weise geht in der elektroosmotischen Zelle eine Schichtung des Torfes vor sich; ein Teil wird stark entwässert, der andere bleibt in seinem natürlichen Zustand. Es ist nicht schwer, die Fasermasse mit einem natürlichen Feuchtigkeitsgehalt von 90 Proz. aus der Zelle zu entfernen, aber es ist schwer, sich vorzustellen, wie man von den Elektroden den an ihnen haftenden Torf mit einem Feuchtigkeitsgehalt von 68 Proz. entfernen kann; ohne Handarbeit wird dies nicht möglich sein.

Alle drei beschriebenen Methoden der künstlichen Entwässerung des Torfes: Ekenberg, Alexanderson und Graf Schwerin haben sich gar nicht über den Abbau des Torfes und über den Transport desselben zur Entwässerungsfabrik gekümmert.

Das Problem der Entwässerung im ganzen wird von ihnen nicht behandelt. Deshalb würde sogar bei einem erfolgreichen Entwässerungsprozeß des Torfes die Aufgabe der künstlichen Entwässerung desselben in technischer Hinsicht ungelöst bleiben.

Der erste Versuch, dieses Problem im ganzen zu lösen, wurde von der Gesellschaft „Madruck" unternommen. Dieselbe baute eine Anlage zur künstlichen Entwässerung des Torfes zuerst in Bayern und dann in Oldenburg. Nach dieser Methode wird der Torf aus der Lagerstätte, die keine Holzeinschlüsse haben darf, mit Maschinen ausgehoben und nach der Fabrik gebracht, um dort zunächst in kleine Stückchen zerrissen oder in lange Nudeln verwandelt zu werden, die in einem besonderen Apparat mit trockenem Pulver bestäubt werden und dann in die Presse zum Abpressen unter einem Druck von 30 Atmosphären kommen. Der abgepreßte Torf wird von neuem in einem Wolf in kleine Stückchen zerteilt und kommt dann in die Trockenanlage, von wo er entweder auf die Mühle zum Zermahlen oder auf die Brikettpresse gelangt. Alle Stadien der Arbeit sind mechanisiert.

Das Zahlenmaterial, welches zum Bau einer Fabrik in Bayern diente, wurde von Professor Hartung beim Abpressen des bestäubten und nichtbestäubten Torfes in dem Element der Presse „Madruck" erhalten. Der Druck in diesem Elemente wurde in einer ganz bestimmten Größe mit Hilfe einer hydraulischen Presse entwickelt.[1]

Man preßte zuerst bayrische Torfarten ohne Zusatz von trockenem Pulver ab. Die Versuche bezweckten, die Torfproben auf ihre Fähigkeit, Wasser beim Abpressen abzugeben, zu charakterisieren.

Die Versuchsergebnisse sind in der Tabelle XXX angeführt.

Tabelle XXX.

Herkunft des Torfes	Feuchtigkeitsgehalt des Rohtorfes Proz.	Wassergehalt des Torfes in Proz. nach einem Abpressen von 5 Minuten unter Druck von Atm.					
		12	20	30	67	100	160
1. Haspelmoor	90,8	85,1	83,2	81,8	80,5	78,6	76,0[2]
2. Bruckermoos	88,6	83,5	81,9	79,2	77,2	75,8	74,9
3. Schönramerfilze . . .	89,3	84,8	83,6	80,8	79,2	77,8	76,8
4. Hochrunstfilze	89,8	86,5	84,9	82,8	80,8	79,6	78,1
5. Sanimoor bei Staltach	89,5	87,1	85,8	83,5	81,6	80,0	78,0
6. Königsdorferfilze. . .	88,7	86,5	85,3	82,3	80,9	79,7	78,6
7. Süßer Flecken	90,7	87,9	87,6	86,6	83,9	82,8	81,0

In botanischer Hinsicht werden diese Torfe folgenderweise charakterisiert:

1. Haspelmoor: Niedermoortorf, gut zersetzt, mit Hypnumarten, Carex und etwas Phragmites communis.
2. Bruckermoos: Niedermoortorf, gut zersetzt, mit Carex, Hypnum und etwas Laubholz.
3. Schönramerfilze: schlecht zersetzter Niedermoortorf, mit Carex und Laubholz.
4. Hochrunstfilze: Hochmoortorf, gut zersetzt, mit Sphagnum und Wurzeln von Eriophorum vaginatum.
5. Sanimoor bei Staltach: Hochmoortorf, gut zersetzt, mit Sphagnum, Eriophorum vaginatum, Vaccinium, Oxycoccum, Andromeda polifolia.
6. Königsdorferfilze bei Benerberg: Hochmoortorf, gut zersetzter älterer Sphagnumtorf.

---

[1] Das Madruckverfahren zur maschinellen Entwässerung von Rohtort (München).

[2] In der Tabelle ist nicht angegeben, daß bei hohen Drucken der Torf aus der Presse herausquoll, namentlich mit den stark zersetzten Sphagnumtorfen. Siehe Kapitel „Das Wasser des Torfes".

7. Süßer Flecken bei Peiting: Übergangsmoortorf, gut zersetzt, mit Sphagnum, Carex, Hypnum, Eriophorum und Vaccinium.

Auf Grund der in Tabelle XXX angeführten Ergebnisse des Abpressens wurden die bayerischen Torfe von Professor Hartung in folgende Klassen geteilt:

a) leicht zu entwässernde Torfarten:

    1. Haspelmoor,

    2. Bruckermoos,

    3. Schönramerfilze;

b) schwieriger zu entwässernde Torfarten:

    1. Hochrunstfilze,

    2. Königsdorferfilze,

    3. Sanimoor;

c) sehr schwer zu entwässernde Torfart:
Süßer Flecken.

Alle diese Torfarten wurden unter Zusatz von trockenem Pulver in dem Elemente der Presse „Madruck" unter folgenden Bedingungen abgepreßt: zweimaliges Abpressen bei einer Erhöhung des Druckes bis zu 30 Atmosphären während 7 Minuten beim ersten und 4 Minuten beim zweiten Abpressen. Das Verhältnis der Trockensubstanz im zugefügten Pulver zu demjenigen im Rohtorf war 1 : 1,5.

Die Ergebnisse dieser Versuche sind in der Tabelle XXXI angeführt.

Tabelle XXXI.

Herkunft der Torfprobe	Wassergehalt Proz.		Rohtorf wird durch zwei Pressungen entwässert auf Proz.	Anmerkungen
	Preßgut	Preßgut nach den zwei Pressungen		
Klasse a Haspelmoor ..	83,7	57,3	66,5	Preßverlauf ohne Störung, Kuchen löst sich leicht ab, Preßflüssigkeit klar und reichlich. Preßmischgut mit 83,5 Proz. Wassergehalt verliert nach 1. Pressung 55—60 Gew.-Proz., 2. Pressung 60—65 Gew.-Proz. Wasser. Entwässerung des Rohtorfes ohne Zusatz bei 30 Atm., siehe Tabelle XXX.
Bruckermoos I. Pr.	82,1	56,5	67,3	
II. Pr.	82,5	57,2	66,9	
Schönramerfilze I. Pr.	83,5	57,7	66,8	
II. Pr.	83,8	57,8	67,1	

Tabelle XXXI (Fortsetzung).

Herkunft der Torfprobe	Wassergehalt Proz.		Rohtorf wird durch zwei Pressungen entwässert auf Proz.	Anmerkungen
	Preßgut	Preßgut nach den zwei Pressungen		
Klasse b Hochrunstfilze				Preßverlauf nicht so günstig wie bei Klasse a, jedoch ohne Störung. Kuchen haftet öfters an den Wänden des Elementes. Preßflüssigkeit ziemlich klar. Etwas Preßgut drückt sich durch die Wände. Preßmischgut mit 83,5 Proz. Wassergehalt verliert nach 1. Pressung 49—52 Gew.-Proz,, 2. Pressung 57—60 Gew.-Proz. Wasser
I. Pr.	82,3	59,3	69,1	
II. Pr.	81,3	59,8	70,7	
Königsdorferfilze	82,6	58,2	70,5	
Sanimoor				
I. Pr.	84,3	61,4	69,9	
II. Pr.	85,3	60,9	69,3	
Klasse c Süßer Flecken				Pressung mit Störungen. Material tritt reichlich durch die Siebwände, Preßflüssigkeit stark gefärbt. Preßkuchen lösen sich schlecht ab. Preßmischgut mit 83,5 Proz. Wassergehalt verliert nach 1. Pressung 43—48 Gew.-Proz., 2. Pressung 54—57 Gew.-Proz. Wasser
I. Pr.	84,3	60,8	71,7	
II. Pr.	84,2	64,6	73,5	
III Pr.	83,3	63,4	72,3	

Die in der Tabelle XXXI enthaltenen Werte zeigen, daß ein zweimaliges Abpressen nach der Methode „Madruck" sogar bei schwach zersetzten und leicht abpreßbaren Niedermoortorfen dennoch keine Ergebnisse liefert (35 Proz. des trockenen Stoffes nach Abzug des zugefügten Pulvers), die ein Nachtrocknen des abgepreßten Torfes zulassen.

Alle obengenannten Torfe wurden noch einmal abgepreßt. Die Ergebnisse dieser Pressungen verschiedener bayerischer Torfarten in sind der Tabelle XXXII angeführt. Die Werte in der Tabelle XXXII zeigen, daß einmaliges Abpressen der schwachzersetzten Niederungsmoortorfe unter 30 Atmosphären während 7 Minuten nicht zu annehmbarem Resultat führen, sogar nicht bei einem Verhältnis der trockenen Substanz des Pulvers zu demjenigen von Rohtorf wie 1 : 1. In diesem Fall gelang es, den Rohtorf (nach Abzug des hinzugefügten Pulvers) höchstens bis auf 33 Proz. an Trockensubstanz zu entwässern. Es ist nicht nötig, die Resultate des Abpressens der Torfe mittlerer Zersetzungsgrade und auch der stark zersetzten Sphagnumtorfarten weiter zu behandeln, die erhaltenen Zahlenwerte weichen zu weit von den wirtschaftlich zulässigen Grenzen ab.

Das zweite Abpressen, das an und für sich vom wirtschaftlichen Standpunkt unzulässig ist, verbessert wenig die Ergebnisse bei Torfarten mit hohem oder mittlerem Zersetzungsgrad und bringt nur bei schwach zersetzten Niederungsmoortorfen die Entwässerung des Rohtorfes bis zu den zulässigen Grenzwerten (34,6—33,2 Proz. Trockensubstanz). Es muß aber bemerkt werden, daß der von uns als untere Grenze der Entwässerung früher angenommene Wert von 35 Proz. Trockensubstanz für schwachzersetzte Torfarten, die einen niedrigeren Heizwert haben, erhöht werden muß. Für diese Torfe wird die untere Grenze der Entwässerung 38—40 Proz. der Trockensubstanz im abgepreßten Rohtorf (nach Abzug des hinzugefügten Pulvers) sein. Wenn man dies in Betracht zieht, so zeigt sich, daß die Methode „Madruck" auch bei schwach zersetzten Torfen keine annehmbaren Ergebnisse sogar beim zweimaligen Abpressen geben kann.

Ein solches Urteil muß über die Ergebnisse der Versuche von Professor Hartung und seiner Mitarbeiter gefällt werden, ohne das von ihm gesammelte Zahlenmaterial zu beurteilen. Unsere Erfahrung aber einerseits und einige ganz unerwartete Schwankungen in den Zahlenwerten von Professor Hartung anderseits (wir haben bei diesen Zahlen in der Tabelle XXXII Fragezeichen gemacht) rufen die Vermutung hervor, daß in vielen Fällen die Torfmasse durch die filtrierenden Flächen und den Zwischenraum zwischen dem Kolben und dem Preßkasten durchdrang; in den Anmerkungen zur Tabelle XXXVI von Hartung sind direkte Hinweise auf ein Durchdringen des Torfes gegeben. Ein solches Durchdringen der am meisten plastischen und zu gleicher Zeit am meisten bewässerten Torfmasse hatte unzweifelhaft eine Erhöhung des Gehaltes an Trockensubstanz im abgepreßten Torfe zur Folge; falls solches Durchdringen nicht stattgefunden hätte, wäre das Resultat des Abpressens zweifellos bedeutend schlechter gewesen.

Wenn man nun die Ergebnisse der Versuche von Prof. Hartung mit jenen Ergebnissen, welche von „Hydrotorf" beim Abpressen des Rohtorfes unter verschiedenen Bedingungen nach der „Madruckmethode" erzielt wurden, vergleicht, so ergibt sich, daß beide gut übereinstimmen. Dennoch sind die Folgerungen aus diesen Ergebnissen ganz verschieden. Während der „Hydrotorf" auf Grund dieser Ergebnisse die Madruckmethode für die künstliche Entwässerung des Torfes als ganz unannehmbar erkannt hat, gelangt Prof. Hartung zu ziemlich optimistischen Schlußfolgerungen, auf Grund deren die Fabrik bei Seehaupt gebaut wurde.

Man muß dabei nicht vergessen, daß alle Versuche der Mitarbeiter

von Prof. Hartung mit der Presse Madruck unter hydraulischem Drucke
ausgeführt wurden. Unter diesen Bedingungen erhielt der abzupressende
Torf immer einen bestimmten Druck, und das Durchdringen der Masse
durch die Fugen der Presse und die Poren der filtrierenden Oberflächen
äußerte sich nicht im negativen Sinne in bezug auf den Enddruck. Bei
der Arbeit mit der Presse Madruck, bei der der Druck mechanisch geliefert wird und die Bewegung der Kolben vorher genau bestimmt ist,
muß jede durchdringende Masse auf den in der Presse entwickelten
Druck im Sinne einer Abschwächung wirken. Damit werden auch die
Ergebnisse des Abpressens des Torfes in der Madruckpresse bedeutend
schlechter als diejenigen, welche in dem Elemente mit dem hydraulischen
Druck erzielt werden.

Die Unmöglichkeit, den feuchten Torf unter diesen Bedingungen
auf den nötigen Grad des Wassergehalts abzupressen, wird in der letzten
Zeit auch von·den Erfindern des Verfahrens und von Prof. Hartung
anerkannt.

Die Erfinder der Methode Horst und Ingenieur Brune kamen
schon im Jahre 1926 zur Schlußfolgerung, daß der Rohtorf vor dem Abpressen koaguliert werden muß, während Prof. Hartung[1]) der Meinung
war, daß es nötig sei, mit einem trockeneren Torf zu beginnen als gewöhnlich in den Lagerstätten angetroffen wird, und daß zu diesem Zweck
das Moor bis zu 85 Proz. vorentwässert werden müsse.

Es ist möglich, daß es in vielen Fällen gelingen wird, das Moor bis
zu einem Wassergehalt von 85 Proz. vorzuentwässern, obgleich dies sehr
kostspielig sein wird. Es muß aber außerdem gleichzeitig die Frage
aufgeworfen werden, ob ein solches Trocknen des Moores die gewünschten
Ergebnisse bei einer mechanischen Entwässerung des Torfes geben wird.
Versuche des „Hydrotorfes"[2]) zeigen, daß beim Abpressen des nicht
koagulierten Torfes sogar bei einem Wassergehalt von 80,5 Proz. ein
unbefriedigendes Resultat erzielt wurde.

Erster Versuch.

Der Rohtorf wurde an der Luft bis zu einem Wassergehalt von 80,5
Proz. getrocknet. 10 kg dieses Torfes wurden mit 1 kg trockenem Pulver
mit 15 Proz. Wassergehalt bestäubt. Der Druck in der Presse wurde
langsam gesteigert, um einem Durchdringen des Torfes durch die filtrierenden Flächen und Fugen zwischen dem Kolben und den Wänden

---

[1]) Diese Meinung äußerte Prof. Hartung mir gegenüber bei unserem
Meinungsaustausch in München 1926.

[2]) N. Semzoff, Hydrotorf (1927), II. Teil, 59.

Tabelle XXXII.

Beschaffenheit des Torfes / Benennung des Moores		Art „A"					Art „B"				Art „C"	
		Has-pel-moor	Bruk-ker-moos	Weit-moos	Schönramerfilze 1. Pr.	Schönramerfilze 2. Pr.	Hochrunstfilze 1. Pr.	Hochrunstfilze 2. Pr.	Königs-dorfer-filze	Sani-moor	Süßer Flecken 1. Pr.	Süßer Flecken 2. Pr.
Wassergehalt des Rohtorfes .. Proz.		89,3	88,3	90,4	89,3	88,5	88,7	87,8	88,7	89,6	89,9	89,6
Wassergehalt des Pulvers ... „		27,8	14,3	31,3	25,5	27,8	28,5	6,3	9,6	33,5	8,7	28,5
Erstes Abpressen	1:0,5¹)	57,6	50,1	58,5	59,2	60,5	57,3	52,1	—	58,6	53,5	57,9
	1:1	57,2	56,9	57,2	59,3	67,6?	62,2	60,7	59,2	62,9	62,2	66,7
bei 30 Atmosphären 6 Minuten	1:1,5	64,5	62,0	61,6	65,4	64,5	65,8	66,4	65,3	67,7	70,3	72,0
	1:2	68,4	63,5	65,4	69,2	67,6	70,7	71,0	69,0	—	74,4	76,7
	1:3	70,9	71,9	70,5	72,6	—	76,1	75,6	75,2	76,3	76,5	81,3
Zweites Abpressen	1:0,5	52,0	47,9	54,0	55,8	—	—	49,5	—	54,5	50,0	54,9
bei 30 Atmosphären 4 Minuten	1:1	53,2	52,3	54,6	54,2	56,5	56,9	54,9	53,3	58,8	56,4	62,2
	1:1,5	57,2	56,5	56,9	57,8	57,7	59,6	59,8	58,2	61,4	60,8	64,6
	1:2	59,9	56,4	59,2	62,1	61,0	63,1	64,1	62,0	59,8	67,6	67,6
	1:3	63,6	62,5	64,1	65,4	—	—	69,7	68,6	71,6	69,7	73,6
Drittes Abpressen	1:0,5	49,4	41,8	49,5	48,9	—	—	42,6	—	49,1	—	—
bei 160 Atmosphären 12 Minuten	1:1	48,5	43,8	49,1	46,0	—	—	49,1	45,1	50,5	48,9	—
	1:1,5	53,6	48,0	50,1	52,5	—	51,5	51,6	48,9	53,7	51,5	—
	1:2	56,0	48,1	54,2	53,0	—	58,8	55,4	53,6	56,0	58,5	—
	1:3	59,2	55,4	63,7	58,1	—	—	65,4	—	63,2	61,6	—
Beim ersten Abpressen	1:0,5	76,8	73,0	77,3	74,7	74,8	76,4	75,8	—	76,4	76,2	77,0
	1:1	69,7	71,1	70,2	72,1	79,2?	74,2	75,2	73,8	74,2	76,0	78,5
	1:1,5	73,1	72,2	71,5	74,5	73,1	74,5	77,0	75,7	76,0	79,4	80,1
	1:2	76,8	71,6	72,8	75,9	74,7	77,4	78,4	76,9	—	81,3	82,6
	1:3	76,5	77,1	75,5	77,4	—	80,5	80,4	80,3	80,8	82,2	84,5
Beim zweiten Abpressen	1:0,5	71,2	71,0	72,9	71,7	—	—	73,8	—	72,0	73,6	74,1
	1:1	65,4	66,8	65,8	66,2	69,0?	69,2	69,9	69,4	70,1	71,1	74,3
	1:1,5	66,5	67,3	65,9	67,1	66,8	68,5	70,8	70,5	69,9	71,8	73,5
	1:2	67,1	65,0	66,7	69,5	68,5	70,7	72,6	71,6	66,6	75,5	74,6
	1:3	70,1	68,4	76,7	70,7	—	—	75,2	75,3	76,2	75,3	78,2

The left margin groups the rows: "Wassergehalt in der abgepreßten Mischung" spans the first three Abpressen blocks; "Der Rohtorf war bis zu einem Wassergehalt abgepreßt" spans the "Beim ersten Abpressen" and "Beim zweiten Abpressen" blocks.

Bemerkung zur Tabelle XXXII: Die Zahlen sind von uns unterstrichen, ebenso die Fragezeichen sind von uns gestellt
¹) In dieser Spalte sind die Verhältnisse der Trockensubstanz des zugefügten Pulvers zur Trockensubstanz des Rohtorfes angegeben.

68

des Preßkastens vorzubeugen. Das Gewicht des erhaltenen Kuchens betrug 5,8 kg. Die Presse lieferte 1,67 kg mit einem Wassergehalt von 73,2 Proz. Der Gehalt an Trockensubstanz im Kuchen betrug gemäß Analyse 37,7 Proz.; der Gehalt der Trockensubstanz im abgepreßten Torf (nach Abzug des hinzugefügten Pulvers) berechnet sich zu etwa 30,3 Proz.

Zweiter Versuch.

Unter beinahe denselben Bedingungen, aber nur mit noch verlangsamterem Ansteigen des Druckes in den ersten Minuten der Preßarbeit, wurden 10 kg des Rohtorfes mit einem Wassergehalt von 83,4 Proz. abgepreßt. Der Torf wurde mit 1 kg Trockensubstanz, Wassergehalt 15 Proz., bestäubt. Durch die Fugen der Presse drangen 1,9 kg Torf mit einem Wassergehalt von 79,6 Proz. durch.

Im Kuchen waren gemäß Analyse 37,05 Proz. Trockensubstanz enthalten.

Auf Grund dieser Angaben berechnet sich der Gehalt der Trockensubstanz im abgepreßten Torf (nach Abzug des zugefügten Pulvers) zu 28,9 Proz.

Auf diese Weise wird eine vorausgehende Entwässerung der Lagerung bis zu 85 Proz. oder sogar mehr keinen merklichen Nutzen für die künstliche Entwässerung bringen. Es bleibt also nur eine Möglichkeit übrig: den Torf durch Pressen zu entwässern, indem man ihn auf die eine oder die andere Weise koaguliert.

Die Erfinder der Methode „Madruck" arbeiten in dieser Richtung auf der Fabrik für künstliche Entwässerung des Torfes in Oldenburg, wo ein verbessertes drittes Modell der Presse aufgestellt ist. Schon im Herbst 1926 hatten die Leiter dieser Fabrik beschlossen, zum Abpressen des Torfes, der in der Lagerstätte selbst durch Schwefelsäure[1]) koaguliert wird, zu schreiten. Es ist zweifelhaft, ob eine solche Koagulation zu den gewünschten Ergebnissen führen wird.[2])

Ganz eigenartig hat diese Aufgabe der „Hydrotorf" gelöst. Die Lagerstätte wird nach der Methode von R. Klasson und W. Kirpitschnikoff mit einem Wasserstrahl unter hohem Druck abgebaut. Die so erhaltene Hydromasse mit einem Wassergehalt von 95,5 Proz. wird durch Röhren nach der Fabrik geführt, wo sie einer Koagulation mit dem halben Volumen einer kolloiden Lösung von Eisenoxyd unterzogen wird; die koagulierte Masse enthält etwa 97 Proz. Wasser.

---

[1]) **Private Mitteilung von Dr. Horst.**
[2]) **Ausführliches darüber siehe G. Stadnikoff, Hydrotorf (1927), II. Teil, 286.**

Es ist selbstverständlich, daß man zur Koagulation keine plastische Rohmasse anwenden kann, da es unmöglich ist, dieselbe in volle Berührung mit der koagulierenden Lösung zu bringen. Dies erkannten die Erfinder des Koagulierens des Torfes mit Elektrolytlösungen[1]), sie empfahlen, den Rohtorf vor der Bearbeitung mit Wasser zu mischen und dann denselben mit einer Elektrolytlösung zu behandeln. Auf diese Weise liefert der „Hydrotorf" auch gleichzeitig ein Mittel zum Abbau des Torfes aus einem beliebigen Moor und ein Mittel zum billigen Transport des Rohtorfes als Hydromasse zum Pumpen durch Röhren, und außerdem eine Methode, um Torf zur Koagulation vorzubereiten.

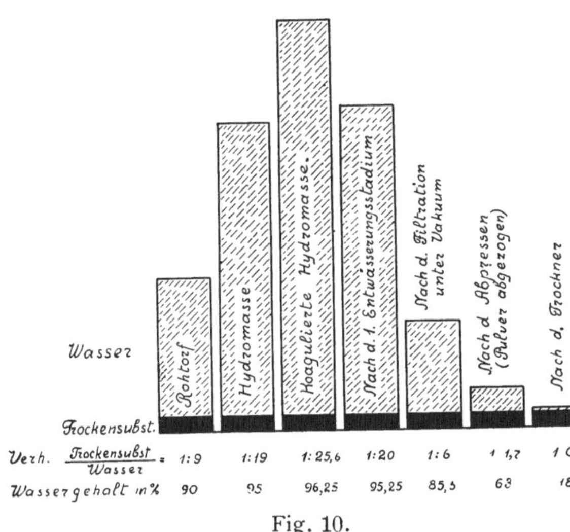

Fig. 10.

Der koagulierte Torf wird anfänglich durch Filtrieren ohne Druck in einem Netzelevator oder einer Netztrommel entwässert, wobei sein Wassergehalt bis auf 95,25 bis 95,50 Proz. gebracht wird. Darauf behandelt man den Torf im Vakuumfilter bis zu einem Wassergehalt von 85,5 Proz. In solchem Zustand wird der Torf zu kleinen Stücken zerrissen, bestäubt und in einer hydraulischen Presse bis zu einem Wassergehalt von 61—60 Proz. abgepreßt (nach Abzug des hinzugefügten trockenen Pulvers). Der Gang der Entwässerung des Torfes nach dieser Methode ist auf dem Diagramm (Fig. 10) dargestellt.

Alle Operationen sind mechanisiert und die einzelnen Prozesse gehen schnell vor sich. Es sind nur 90 Minuten nötig, um den Rohtorf in Briketts mit einem Wassergehalt von 15—16 Proz. umzuformen.[2])

Auf diese Weise ist es dem „Hydrotorf" gelungen, alle Prozesse zu mechanisieren und den Torf bis auf den nötigen Wassergehalt abzupressen. Die Berechnungen zeigen, daß für das Nachtrocknen des abge-

---

[1]) Meister, Lucius u. Brüning, DRP. 160 938 (1903).
[2]) Diese Methode ist genau in dem Buche „Hydrotorf" (1927) beschrieben. Ein großes Zahlenmaterial, das auf der Versuchsfabrik für künstlich entwässerten Torf gesammelt worden ist, wird angegeben.

preßten Torfes und für den nötigen Energieverbrauch im Betriebe nur ein Teil des künstlich entwässerten Torfes verbraucht werden muß (ungefähr 35—40 Proz.); der übrige Torf kann von der Fabrik als fertiger Brennstoff abgegeben werden. Der „Hydrotorf" hat also die Aufgabe der Entwässerung des Torfes technisch gelöst. Es blieb letzten Endes noch übrig, die Aufgabe wirtschaftlich zu lösen. Die Berechnungen führten auch hier zur Lösung durch Errichtung einer elektrischen Zentrale in Verbindung mit einer Fabrik für künstliche Entwässerung des Torfes. Der „Hydrotorf" kam nicht dazu, diese Lösung selbst praktisch zu prüfen.

Kapitel III.

Die trockene Substanz des Torfes.

Trockenen Rest oder absolut trockenen Torf nennt man in der Praxis eine solche Mischung verschiedenartiger Substanzen, welche man nach einer vollständigen Entwässerung des feuchten Torfes durch Erwärmung auf 105⁰ in der Luft erhält. Diese Definition, die seitens der Praktiker keinen Widerspruch erfährt, hat vom wissenschaftlichen Standpunkt aus gar keine Bedeutung. Vor allem besitzen wir kein Kriterium für die Bestimmung des vollständigen Entwässerungsmomentes. Sich an die Austrocknung bis zum konstanten Gewicht zu halten, geht gar nicht an, da der Torf zuerst wegen des Wasserverlustes an Gewicht abnimmt, dann aber wegen der Oxydation durch den Sauerstoff der Luft wieder anfängt an Gewicht zuzunehmen. Oxydationsprozesse beginnen eigentlich schon bei normaler Temperatur, sofern der feuchte Torf mit der Luft in Berührung kommt; bei 105⁰ geht dieser Prozeß recht energisch vor sich, doch bemerken wir ihn in den ersten Trocknungszeiten nicht, da der Wasserverlust zu groß ist. Nach der Entfernung der Hauptmenge des Wassers werden die Absorption des Sauerstoffs durch den Torf und die damit verbundene Gewichtszunahme bemerkbar. Doch läßt sich der Augenblick nicht feststellen, wann der Wasserverlust aufgehört hat und nur der Oxydationsprozeß fortgeht; es ist vollkommen möglich, daß in dem Augenblick, wo der austrocknende Torf an Gewicht zuzunehmen begann, der Wasserverlust durch Verdunstung, nur wegen der Oxydation der organischen Torfmasse, geringer als die Gewichtszunahme geworden ist. Bekanntlich verlieren viele Gele sehr langsam die letzten Spuren des Adsorptionswassers.

Hand in Hand mit der Oxydation der organischen Torfmasse bei 105° werden auch die Zersetzungsprozesse einiger zur Torfsubstanz gehörigen Verbindungen vor sich gehen. Seit Ellers[1]) Arbeiten steht es jedenfalls außer Zweifel, daß unter diesen Temperaturverhältnissen die Huminsäuren nicht stabil sind und einer bemerkbaren Zersetzung unterworfen werden. Auf diese Weise wird der Gewichtsverlust durch Wasserverdunstung im Torf durch die Zersetzung einiger Torfbestandteile noch erhöht.

Man soll es nicht außer acht lassen, daß die Prozesse der Oxydation und der Zersetzung organischer Torfmasse für verschiedene Torfarten sich auch in verschiedenen Zahlen ausdrücken werden; der Verlauf dieser Prozesse wird nicht nur von der Zusammensetzung der organischen Torfmasse, sondern auch von der der Asche abhängen. Aus allem Obenerwähnten folgt nun, daß der Wassergehalt, der durch die Trocknung des Torfes bis zu seinem konstanten Gewicht bei 105° in der Luft bestimmt wird, eine völlig bedingte Größe darstellt, die nur praktische Bedeutung hat.

Um den Wassergehalt genau zu bestimmen, muß man den Torf in der Atmosphäre eines indifferenten Gases (Stickstoff, Kohlensäure) und bei relativ niedriger Temperatur entwässern. Für diesen Zweck erwärmt man die feuchte Torfmasse bis 80° in einem Gefäß, durch welches ununterbrochen ein Strom trockenen indifferenten Gases durchgeht. Noch besser ist es, für die Bestimmung des Wassers einen Vakuum-Exsikkator mit elektrischer Wärmevorrichtung zu benutzen; aus dem Exsikkator muß man anfangs die Luft bis zur maximalen Verdünnung auspumpen und dann die Temperatur bis auf 50—60° bringen. Bei solchen Arbeitsbedingungen wird die organische Torfmasse keiner erheblichen Veränderung unterworfen und kann zur Bestimmung ihres Gehaltes an Kohlenstoff, Wasserstoff, Schwefel und Stickstoff dienen.

Der Gehalt an Trockensubstanz in einzelnen Torfarten schwankt in ziemlich weiten Grenzen zwischen 9 und 15 Proz. und hängt sowohl von der Natur des Torfmoores, wie auch von dem Trockenverfahren ab. Als Regel läßt sich folgender Satz aufstellen: Hochmoore sind wasserhaltiger als Niederungsmoore.

Beim Glühen an der Luft hinterläßt die trockene Torfsubstanz Asche. Der Aschengehalt der Torfarten schwankt in weiten Grenzen je nach Herkunft des Torfes und Geschichte des Moores. Aschenarme Torfbildner lieferten entsprechend auch aschenarme Torfarten; also

---

[1]) Liebigs Ann. **431**, 133 (1923).

Hochmoore müssen aschenarm und Niederungsmoore aschenreich sein. In vielen Fällen wird dieser Schluß bestätigt. Er wäre für Torfmoore immer anwendbar, wenn sich die Torfasche nur aus Aschenbestandteilen torferzeugender Pflanzen bilden würde. Wir treffen dagegen in Torfmooren vielfach Bestandteile sekundärer Herkunft an, die dahin durch Wind und Wasser getrieben wurden. Während der Wind nur feste Sand- und Lehmteilchen in die Moore überführen kann, kann Wasser durch Anschwemmen sowohl fester Teilchen wie auch aufgelöster Salze, welche mit den Humaten unter Bildung von Huminsäuresalzen[1] reagieren, in der Zusammensetzung der Moorasche Veränderungen hervorrufen.

Die Anwesenheit sekundärer Asche in den Torfmooren, die dahin in Gestalt von festen Teilchen übertragen wurde, kann mit Zuhilfenahme einer guten Lupe, die kleine Sandteilchen, Lehm-, Kalkkonkretionen u. a. sichtbar macht, festgestellt werden. Bei systematischer Untersuchung der Torfmasse wird die Anwesenheit sekundärer Asche durch unregelmäßigen Wechsel im Aschengehalt in verschiedenen Tiefen der Lagerstätten entdeckt. Wenn sich das Torfmoor aus einem und demselben Pflanzenstoff gebildet hat, nimmt der Prozentgehalt an Asche im Torf nach Maßgabe des Zersetzungsgrades der organischen Masse zu, mit anderen Worten, der Aschengehalt wächst mit zunehmender Tiefe der Torflagerstätte. Die Anwesenheit eines Maximalgehaltes an Asche in mittleren Schichten des Moors kann als Beleg für eine Aschenübertragung von außen her dienen, selbstverständlich wenn nichts auf scharfe Veränderung in der Natur des ursprünglichen Pfanzenstoffes in diesen Schichten hinweist. Tabelle XXXIII gibt eine Übersicht über den Aschengehalt des Torfes in verschiedenen Tiefen. Einige Torfarten zeigen nach Maßgabe der Lagerstättentiefe eine regelmäßige Zunahme des Aschengehaltes (Carextorf, Torf von Tschernoramenskoje), hingegen tritt bei anderen Torfarten das Maximum klar zutage (zwei Torfarten des Moors Sinjawino). Endlich weisen einige Moore gar keinen Unterschied im Aschengehalt in verschiedenen Tiefen auf (Velener Torf und Lauchhammer).[2]

Die Zusammensetzung der Torfasche schwankt auch in weiten Grenzen, je nach Herkunft des Torfes, dessen Zersetzungsgrad (Tiefe der Lagerstätte) und Geschichte des Torfmoors. Wenn die Torfasche ihre Herkunft nur den Mineralbestandteilen der Torfbildner verdankt, so ist anzunehmen, daß nach Maßgabe des Vertorfungsvorganges der Prozentgehalt der Asche an Alkalimetallen (hauptsächlich an Kali)

---

[1] Siehe Kapitel „Huminsäuren".
[2] Franz Fischer, H. Schrader u. A. Friedrich, Abh. Kohle 5, 536

zurückgehen wird, da die alkalischen Salze von Säuren, die sich bei der
Zersetzung von Pflanzenstoffen bilden, wegen ihrer leichten Löslichkeit
im Wasser ausgespült werden müssen. Im Zusammenhang damit muß
der Prozentgehalt der Asche an Oxyden der Erdalkalimetalle sowie an
Oxyden des Eisens und Aluminiums nach Maßgabe des Vertorfungsvorganges zunehmen, da die entsprechenden Salze der organischen
Säuren im Wasser nicht löslich sind und daher aus dem Torf nicht
ausgespült werden können.

Tabelle XXXIII.

	Tiefe der Lagerstätte, m										
	0,5	1,0	1,5	2,0	2,5	3,0	3,5	4,0	5,5	7,5	9,5
Carextorf des Ossianischen Moors[1] .	5,8	—	6,3	—	—	—	7,4	—	6,8	10,7	12,7
Moor Dalninskoje[2]	2,1	1,6	2,0	2,5	2,2	2,2	3,0	—	—	—	—
Moor Tschernoramenskoje 1[2] . . .	3,2	3,0	3,5	—	—	—	—	—	—	—	—
Moor Tschernoramenskoje 2[3] . . .	1,9	2,1	2,6	2,7	—	—	—	—	—	—	—
Moor Tschernoramenskoje 3[3] . . .	1,4	2,0	3,1	—	—	—	—	—	—	—	—
Elektroperedatscha W.[2]	—	2,5	—	2,0	—	3,6	—	—	—	—	—
Moor Sinjawino 5[2]	2,9	1,7	3,3	1,5	1,5	3,5	—	—	—	—	—
Moor Sinjawino 6[2]	8,2	9,4	3,0	3,8	3,6	—	—	—	—	—	—

Diese Ansicht über die Veränderungen des Aschengehaltes im Torf
teilte man bis in allerjüngster Zeit. Jetzt müssen wir dagegen zugeben,
daß die Aschenzusammensetzung des Torfes in hohem Maße sich je nach
dem Salzgehalt des Wassers verändern wird, das dem Wasserbassin,
wo die Vertorfung begonnen hat, zufließt. Diese Veränderung der
Aschenzusammensetzung wird infolge der Fähigkeit der Humate, mit
alkalischen Salzen[4] zu reagieren, erfolgen. Demgemäß wird sich die
Torfasche bei hohem Gehalt des Wassers an Salzen der Alkalimetalle
mit alkalischen Oxyden bereichern und der Gehalt der Asche an Erd-
alkalimetalloxyden zurückgehen; umgekehrt wird sich die Torfmasse bei
großem Kalziumsalzgehalt des Wassers wegen gleicher Austausch-

---

[1] Höring, Moornutzung und Torfverwertung (1915) 192.
[2] G. L. Stadnikoff, Hydrotorf (1927), IV. Teil, 26 ff.
[3] G. L. Stadnikoff u. H. G. Titoff, Torfjanoje Djelo (1925), Nr. 8.
[4] Siehe Kapitel „Huminsäuren".

reaktionen an Kalziumoxyd bereichern. Auf diese Weise wechselt der Aschengehalt des Torfes je nach dem quantitativen und qualitativen Gehalt an Salzen, die im Wasser, welches auf diese oder jene Weise mit dem Torfmoor in Berührung kommt, aufgelöst werden.

Veränderungen in der Zusammensetzung der Torfasche sind allerdings auch ohne Beteiligung des von außen zufließenden Wassers möglich. In den oberen Schichten des Torfmoors, wo gesteigerte Zersetzung der Zellulose, des Zuckers und der Pektinstoffe vor sich geht, bilden sich organische Säuren, die sich teilweise in lösliche alkalische Salze verwandeln. Das Regenwasser spült diese Salze aus den oberen Schichten aus und überträgt sie in die niederen Torfmoorschichten, wo sie mit den Humaten der Erdalkalimetalle und der Schwermetalle in Austauschreaktion treten. Auf diese Weise entsteht eine Bereicherung der Asche der unteren Schichten an Alkalioxyden auf Kosten der oberen.

Tabelle XXXIV zeigt die Zusammensetzung der Asche zweier Torfarten von verschiedenem Zersetzungsgrad.

Tabelle XXXIV.

Zersetzungsgrad		Aschen-gehalt	Kalium-oxyd	Kalzium-oxyd	Fe_2O_3+ Al_2O_3	Phos-phor-säure	Schwefel-säure	SiO_2 unlös-lich
		Proz.	Proz.	Proz.	Proz.	Proz.	Proz.	Proz.
Carextorf	unzersetzt...	3,84	0,061	1,774	0,424	0,063	0,761	0,594
	wenig zersetzt	3,97	0,048	0,507	1,405	0,071	0,284	1,565
	stark zersetzt.	3,51	0,042	1,522	0.999	0,059	0,468	0,296
	ganz zersetzt.	5,68	0,035	2,538	1,470	0,049	0,287	1,092
Sphagnum-torf	unzersetzt...	1,93	0,119	0,288	0,275	0,066	0,150	0,946
	wenig zersetzt	0,64	0,062	0,120	0,070	0,055	0,088	0,186
	stark zersetzt.	3,21	0,052	1,789	0,337	0,058	0,305	0,491
	ganz zersetzt.	3,92	0,104	0,089	0,443	0,043	0,111	3,047

Einen regelmäßigen Veränderungsvorgang in der Zusammensetzung der Asche je nach dem Zersetzungsgrad des Torfes verrät uns die Tabelle nicht; im Gegenteil, die Zahlen der Tabelle II weisen auf irgendwelche zufällige Veränderungen in der Zusammensetzung der Asche hin. Solche zufällige Veränderungen kann man am einfachsten durch den Einfluß des wechselnden Salzgehaltes des Wassers, das dem Torfmoor zugeflossen ist, erklären.

Der Gehalt an Asche und deren Zusammensetzung haben eine große wissenschaftliche und praktische Bedeutung. Von der Zusammensetzung der Asche wird in gewissem Maß der Zersetzungsvorgang im Torfmoor abhängen. Die Zusammensetzung der Asche wird zweifellos auf den trockenen Destillationsprozeß des Brennstoffes, auf den Verlauf der Vergasung, auf die Eigenschaften des Kokses Einfluß haben. Durch die Menge und die Zusammensetzung der Asche wird in erheblichem Maße die Eignung des Torfes als Brennstoff bestimmt. Die Zusammensetzung der Asche bedingt ihre Schmelzbarkeit, welche ihrerseits für die Schlackenbildung der Asche an den Rosten ausschlaggebend ist. Einige Bestandteile der Asche (Eisenoxyd) wirken katalytisch auf die Oxydationsprozesse der organischen Torfmasse; eine Beschleunigung dieser Prozesse führt zur Herabsetzung der Entflammungstemperatur sowie zur Verkürzung der Brenndauer der Torfteilchen und der ganzen Torfmasse. Dank diesem Umstand kann man bei günstiger Zusammensetzung der Asche die Heizfläche für pulverartigen Brennstoff wesentlich schmälern. Besonders maßgebend ist die Zusammensetzung der Asche für den trockenen Destillationsprozeß des Torfes sowie für die Beschaffenheit des daraus gewonnenen Halbkokses. Deshalb hat die Untersuchung der Wirkung verschiedener Oxyde auf die Beschaffenheit des Halbkokses und des Kokses große praktische Bedeutung. Diese Untersuchung muß den Versuchen zur Herstellung von aktiver Kohle aus Torf vorangehen. Einerseits kann die Zusammensetzung der Asche die Wirkung der dem Torf zugesetzten Aktivatoren der Kohle auf Null reduzieren, anderseits hingegen wird die Wirkung des Aktivators durch die Aschensubstanzen erhöht. Doch ist in dieser Richtung noch sehr wenig bekannt; wir wissen nur von dem Einfluß, welchen die Einführung stark dispergierten Eisenoxydes (Koagulation des Torfes mit Kolloidlösungen von Eisenhydroxyd) auf die Eigenschaften des Torfes und des aus ihm gewonnenen Halbkokses ausübt. Verschiedenartiges Verhalten des natürlichen und des mit Eisenhydroxyd koagulierten Torfes beim Erhitzen läßt sich an der Hand folgender Versuche beobachten.

Zwei gleiche kurzhalsige kleine Kolben, mit gleichen Mengen im Mörser zerriebenen Torfes beschickt, werden in einem Ölbad erhitzt. Durch die Stopfen der Kolben sind geführt: 1, ein Gaszuführrohr, deren unteres Ende fast bis zur Torfoberfläche reicht, 2. ein Gasableitungsrohr, dessen unteres Ende bis zum Stopfen reicht, 3. ein Thermometer, dessen Kugel in den Torf versenkt wird. Beide Torfarten werden vor dem Gebrauch durchgesiebt und zu gleicher Korngröße gebracht. Zuerst wird der Torf in einer Kohlensäureatmosphäre bei 105° im Ölbad getrocknet. Nach dessen völliger Entwässerung werden die

Ableitungsröhrchen mit einem Aspirator verbunden, so daß durch die Kolben Luft strömt, deren Geschwindigkeit in jedem Kolben mit einer Gasuhr gemessen wird. Nach der Verdrängung der Kohlensäure aus den Kolben erhitzt man das Bad und notiert alle 5 Minuten die Temperatur des Bades und des Torfes in jedem Kolben. Die Luft strömt während der ganzen Versuchszeit mit einer Geschwindigkeit von etwa

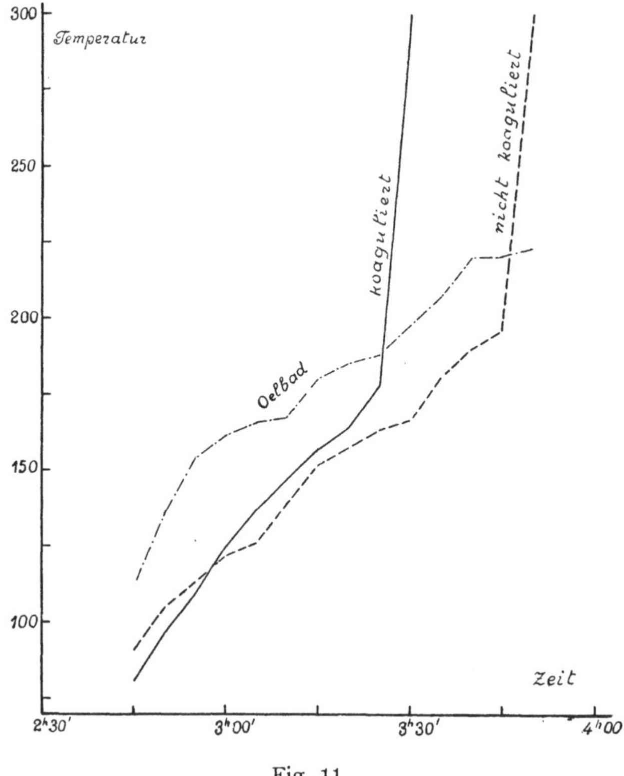

Fig. 11.

30 Liter in der Stunde durch. Der Versuch, der unter diesen Bedingungen in beiden Kolben an nichtkoaguliertem Torf angestellt wurde, ergab, daß die Kurven der Temperatursteigerung bei beiden Torfarten sich einander zuneigen und eine Divergenz von 5^0 aufweisen, sowie die Kurve der Temperatursteigerung im Ölbad bei 215—220^0 (Entflammung des Torfes) durchschneiden.

Die Ergebnisse der Versuche an koaguliertem und nichtkoaguliertem Torf sind in den Tabellen XXXV, XXXVI und XXXVII zusammengefaßt und in Fig. 11, 12, 13 dargestellt. Alle Versuche lassen sich gut reproduzieren.

Tabelle XXXV.

Zeit		Temperatur im Kolben °C		Temperatur im Bad °C	Anmerkungen
Stunde	Min.	koaguliert	nicht-koaguliert		
2	15	104	102	128	Konzentration Fe in koagu-
2	20	114	107	140	lierter Lösung 0,132 Proz.
2	25	124	121	148	
2	30	134	130	156	
2	35	137	140	164	Verlust im Gewicht:
2	40	145	142	164	unkoaguliert 18 Proz.
2	45	155	151	174	koaguliert 28,0 ,,
2	50	168	162	184	Durchgangsgeschwindigkeit
2	55	295	175	193	der Luft stündlich:
3	00		176	197	koaguliert 29,3 l
3	05		187	204	nichtkoaguliert 29,5 l
3	10		193	212	
3	15		302	217	

Die angeführten Versuchsergebnisse zeigen, daß der Torf, welcher in seiner Masse fein zerstäubtes Eisenhydroxyd enthält, eine höhere Reaktionsfähigkeit besitzt, welche in diesem Falle die Entflammungs-

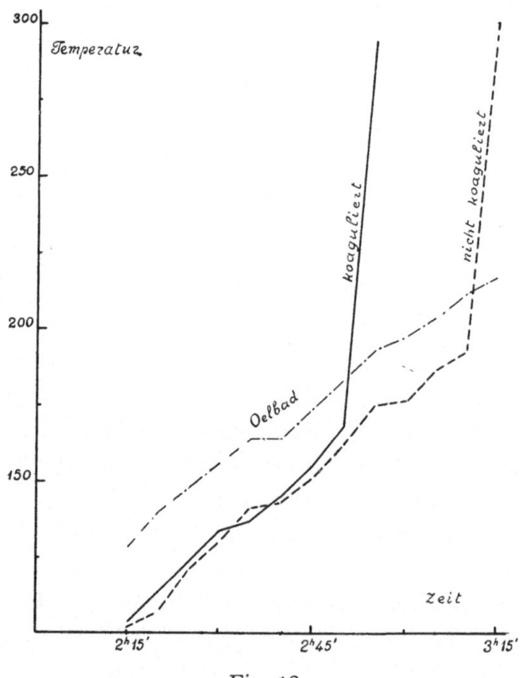

Fig 12.

temperatur des Torfes herabsetzt. Je mehr nun der Torf Eisenoxyd enthält, um so empfindlicher wird er gegen den Luftsauerstoff. Dies ist ersichtlich aus der Höhe des Gewichtsverlustes des koagulierten Torfes während der Erhitzung im Kolben. Beim ersten Versuch (Tabelle XXXV) verlor der koagulierte Torf an Gewicht um 10 Proz. mehr als der nichtkoagulierte.

Tabelle XXXVI.

Zeit		Temperatur im Kolben ⁰C		Temperatur im Bad ⁰C	Anmerkungen
Stunde	Min.	koaguliert	nicht-koaguliert		
2	45	80	90	113	Konzentration Fe in koagu-
2	50	97	105	137	lierter Lösung 0,066 Proz.
2	55	109	112	155	
3	00	124	123	162	
3	05	138	126	166	Torfmenge je 13 g
3	10	147	139	168	Verlust im Gewicht:
3	15	156	151	180	koaguliert 20,8 Proz.
3	20	164	157	185	nichtkoaguliert 19,2 „
3	25	178	163	188	
3	30	300	165	198	Durchgangsgeschwindigkeit
3	35		180	207	der Luft stündlich:
3	40		190	220	koaguliert 30 l
3	45		196	220	nichtkoaguliert 30 l
3	50		300	223	

Tabelle XXXVII.

Zeit		Temperatur im Kolben ⁰C		Temperatur im Bad ⁰C	Anmerkungen
Stunde	Min.	koaguliert	nicht-koaguliert		
12	05	—	70	110	Konzentration Fe in koagu-
12	10	87	79	128	lierter Lösung 0,033 Proz.
12	15	100	92	138	
12	20	109	102	146	Torfmenge je 13 g
12	25	116	108	154	
12	30	128	121	170	Verlust im Gewicht:
12	35	144	136	186	koaguliert 16,1 Proz.
12	40	159	150	197	nichtkoaguliert 16,1 „
12	45	176	163	206	
12	50	215	180	215	Durchgangsgeschwindigkeit
12	52	300	—	221	der Luft stündlich:
1	00	—	195	224	koaguliert 30 l
1	05	—	280	227	nichtkoaguliert 30 l

Der durch trockene Destillation koagulierten Torfes erzielte Halb-koks besitzt ebenfalls eine erhöhte Reaktionsfähigkeit. Wenn man diesen Halbkoks ohne Luftzuführung abkühlt, ihn dann in eine Schale schüttet und in freier Luft liegen läßt, wird er von selbst glühend und verbrennt langsam zu Asche.

Eine solche Aktivität des Halbkokses, welcher aus dem mit Eisen-hydroxyd koagulierten Torf gewonnen wird, ist durch den Gehalt an Eisensuboxyden im Halbkoks bedingt, die sich infolge der Oxydreduktion bei der trockenen Torfdestillation gebildet hatten.

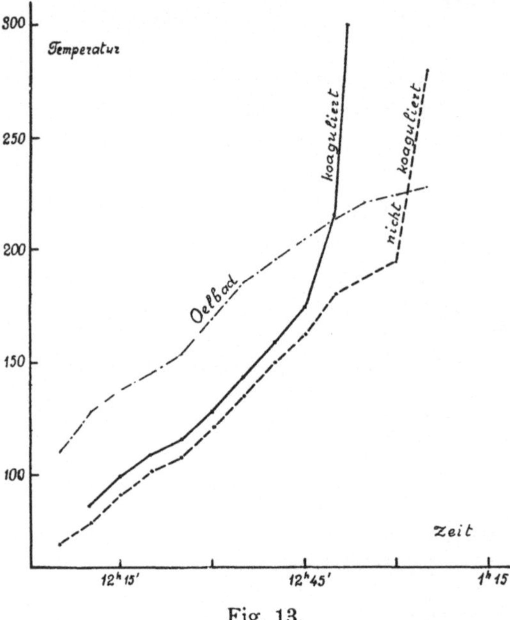

Fig. 13.

Der trockene Rest bildet nach Abzug der Asche die sogenannte organische Torfmasse, welche vor allem durch den Prozentgehalt an Kohlenstoff und Sauerstoff gekennzeichnet wird. Der Wasserstoff-, Schwefel- und Stickstoffgehalt der organischen Masse verändert sich durch den Vertorfungs-prozeß nur wenig und kommt deswegen für die Charakteristik des Zer-setzungsgrades oder des Alters des Torfes nicht in Frage.

Es ist zu bemerken, daß in der organischen Torfmasse sehr oft nur der Kohlen- und Wasserstoffgehalt bestimmt wird, aus der Differenz berechnet man die Menge an Stickstoff, Schwefel und Sauerstoff insgesamt. Da der Stickstoff- und Schwefelgehalt für ein und dasselbe Torfmoor sich nur unwesentlich mit der Tiefe verändert, so kann die Veränderung der Gesamtmenge an Sauerstoff, Stickstoff und Schwefel ebenfalls als Hinweis auf den Verlauf des Vertorfungs-prozesses gelten.

Die Veränderung des Prozentgehaltes an Kohlen- und Wasserstoff in der organischen Masse des Carextorfes je nach der Tiefe der Lager-stätte kann in der Tabelle XXXVIII verfolgt werden:

Tabelle XXXVIII.[1]

		Tiefe der Lagerstätte, m					
		0,5	1,5	3,5	5,5	7,5	9,5	11,5
C		56,33	56,68	57,22	58,56	61,39	59,16	57,33
H	in Proz.	5,33	5,85	5,55	5,72	5,71	5,82	5,59
N		2,35	2,39	2,40	2,58	3,05	2,84	2,69
O		35,99	35,08	34,83	33,14	29,85	32,18	34,39

Die Zahlen der Tabelle XXXVIII zeigen, daß der Wasserstoffgehalt sich äußerst wenig verändert; die Differenz zwischen den Zahlen liegt beinahe in den Fehlergrenzen. Nur wenig verändert sich auch der Stickstoffgehalt, der jedoch ein gewisses Ansteigen bis zur Tiefe von 7,5 m zeigt. Eine deutliche Zunahme an Kohlenstoff und Abnahme an Sauerstoff lassen sich bis zur Tiefe von 7,5 m beobachten, dann aber treten Ab- und Zunahme ein. Anwesenheit eines Maximums für Kohlenstoff und eines Minimums für Sauerstoff lassen sich in den Torfmooren öfters beobachten und stehen mit dem Auftreten einer neuen schwach zersetzten Torfschicht in einer gewissen Tiefe in Verbindung.

Neben dem Zersetzungsgrad ist für die elementare Zusammensetzung des Torfes seine Herkunft maßgebend oder, was gleichbedeutend ist, die elementare Zusammensetzung der Muttersubstanz des Torfes. Minssen[2] fand folgende Grenzzahlen für die Zusammensetzung:

1. Niederungsmoortorfe (44 Analysen):

   C   50,16—60,10 Proz.
   H   4,44— 5,86   ,,
   O   30,61—39,41   ,,

2. Hochmoortorfe (7 Analysen):

   C   55,38—58,58 Proz.
   H   5,10— 5,83   ,,
   O   33,46—38,03   ,,

Für russische Torfe schwanken der Kohlen- und Wasserstoffgehalt in den gleichen Grenzen, wie dies aus Tabelle XXXIX zu ersehen ist.[3]

---

[1] Höring, Moornutzung und Torfverwertung (1915) 204.
[2] Nach Höring, Moornutzung und Torfverwertung, 207.
[3] G. L. Stadnikoff, Hydrotorf (1927), IV. Teil, 26—33.

Tabelle XXXIX.

Benennung des Moores	C Proz.	H Proz.	N Proz.	O Proz.	S Proz.
Elektroperedatscha West	60,0	6,2	33,5		0,30
„ Ost .	59,0	6,7	34,04		0,26
Schatura 1922	60,96	6,02	33,02		—
„ 1921	61,25	5,5	33,25		—
Satolotsch (Ural) I . .	53,05	5,92	2,8	36,31	1,94
„ „ II . .	58,26	5,95	2,16	31,72	1,91
„ „ III .	60,33	8,04	1,84	28,41	1,38
Syrjanskoje (Ural) I . .	55,60	5,10	1,69	36,95	0,66
„ „ II .	56,33	5,97	1,66	35,51	0,53
„ „ III .	57,50	6,38	1,57	34,02	0,53
Sinjawino (Leningrad) .	57,2	5,99	0,68	35,89	0,24

An den Werten bei den Mooren Satolotsch und Syrjanskoje kann man sehen, daß Kohlen- und Wasserstoffgehalt in der organischen Torfmasse sogar für ein- und dasselbe Moor in weiten Grenzen schwanken. Der Prozentgehalt an Stickstoff und Schwefel weist indessen für ein und dasselbe Moor nur geringe Schwankungen auf.

Der Stickstoffgehalt der Torfe ist im Vergleich mit anderen Arten fester Brennstoffe sehr hoch. Während der Stickstoffgehalt von Braun- und Steinkohle zwischen 0,5 und 1,5 Proz. schwankt, erreicht er in Torfen öfters 2,5 Proz. und sinkt selten unter 1,5 Proz. Höring spricht die Meinung aus, daß mit der Zunahme des Zersetzungsgrades des Torfes auch der prozentige Stickstoffgehalt steigt. Doch verfügt die Torfwissenschaft bis jetzt nicht über ein solches Zahlenmaterial, um diese Frage zu lösen.

Einige diesbezügliche Zahlen zeigen für die jeweiligen Tiefen der Lagerstätte keine bestimmten Veränderungen im Stickstoffgehalt.

Für drei Distrikte des Moores Tschernoramenskoje wurde in verschiedener Tiefe folgender Stickstoffgehalt festgestellt (Tabelle XL):

Tabelle XL.[1])

Tiefe der Lagerstätte des Torfes m	Stickstoffgehalt, Proz.		
	1. Distrikt	2. Distrikt	3. Distrikt
0,5	1,82	1,30	2,07
0,8	1,59	1,17	—
1,0	1,69	1,23	1,72
1,2	—	1,14	1,76
1,5	1,72	1,32	2,03
1,7	—	1,43	—

[1]) G. L. Stadnikoff u. N. G. Titoff, Torfjanoje Djelo (Torfwesen) (1926), Nr. 8, 1.

Der Stickstoffgehalt wurde nach dem Verfahren von Kjeldahl bestimmt, welches manchmal zu niedrige Zahlen liefert.[1]

Der Schwefelgehalt der Hochmoortorfe steigt nicht über 1 Proz., bewegt sich in den meisten Fällen um 0,5 Proz. In den Niederungsmoortorfen ist der Schwefelgehalt höher und beläuft sich im Mittel auf 1,5 Proz. Eggertz und Nilson, sowie Berthelot und André nehmen auf Grund der Tatsache, daß Torfasche bedeutend schwefelhaltiger als salzsaurer Torfextrakt ist, an, daß Schwefel hauptsächlich als Bestandteil der organischen Masse des Torfes zu betrachten ist.

Der Schwefelgehalt wurde nach dem Verfahren von Eschka bestimmt; es ist daher möglich, daß für den Schwefelgehalt in vielen Fällen zu kleine Zahlen erhalten wurden.[2]

Äußerst wichtig und für die Bewertung von Torf als Brennstoff völlig unerläßlich ist die Bestimmung seines Heizwertes. Diese Größe muß durch direktes Verbrennen in einer Bombe festgestellt werden, da eine Berechnung nach Formeln auf Grund der elementaren Zusammensetzung häufig eine Abweichung von 10 Proz. von den durch die kalorimetrische Methode erzielten Werten ergibt.

Nach Hörings[3] Angaben belief sich der Heizwert der organischen Substanz in den von ihm untersuchten deutschen Torfen auf 4036—5205 Kalorien. Gutzersetzte russische Torfe weisen höhere Zahlen für den Heizwert der organischen Substanz auf:

Schatura 1921	5510
,, 1922	5690
Elektroperedatscha 1922	5300
Sinjawino-Moor	5300
Tschernoramenskoje 1. Distr.	5420
2. ,,	5351

Beim Erhitzen des Torfes ohne Luftzutritt erfolgt allmähliche Zersetzung seiner organischen Masse unter gleichzeitiger Bildung gasförmiger und flüssiger Produkte, die abdestillieren, und Bildung von Halbkoks, welcher im Destillierapparat zurückbleibt. Verschiedene Torfarten werden sich durch die Ausbeute an den erwähnten Produkten voneinander unterscheiden und die Produkte ihrerseits durch die Zusammensetzung und Eigenschaften. Gleicherweise wird auch der thermische Zersetzungsverlauf für verschiedene Torfe verschieden sein.

---

[1] Lambris, Brennstoffchemie **4**, 357 (1923) nebst Literaturangaben.
[2] F. Förster u. J. Probst, Brennstoffchemie **4**, 357 (1923); Literatur.
[3] Höring, Moornutzung und Torfverwertung (1915), 221; die Umrechnung auf organische Substanz wurde von uns angestellt.

84

Bei ein und demselben Torf werden sich die verschiedenen Bestandteile bei verschiedener Temperatur und mit verschiedener Geschwindigkeit zersetzen; dabei liefern die verschiedenen Bestandteile bei ihrer Zersetzung auch verschiedene Zerfallprodukte. Damit ist die verschiedene Zusammensetzung der Produkte einer trockenen Torfdestillation in verschiedenen Zeitpunkten des Prozesses zu erklären.

Höring[1]) gibt ein genaues Bild des Verlaufes einer trockenen Torfdestillation; im Folgenden wird dieses Bild mit den neuesten Ergebnissen und entsprechenden Abänderungen wiedergegeben.

Wenn der Torf bis 100—105° erhitzt ist, verliert er in hohem Maße das in ihm enthaltene Adsorptionswasser. Dann verlangsamt sich das Ansteigen der Torftemperatur infolge großen Wärmeverbrauches durch das Verdunsten des Wassers. Man vergesse nicht, daß schon bei 105° eine teilweise Zersetzung der Huminsäuren einsetzt.

Wenn die Torfmasse auf 120° erhitzt ist, wird die Abscheidung von Adsorptionswasser allmählich durch die Abscheidung von Zersetzungswasser und Kohlensäure ersetzt. Irgendeine Grenzlinie zwischen den beiden Prozessen zu ziehen, ist nicht möglich, da sie nebeneinander laufen: die Ausscheidung von Kohlensäure und Zersetzungswasser setzt vor Schluß der Ausscheidung des Adsorptionswassers ein.

In Anbetracht dieser Feststellung müssen wir Hörings Mitteilung, daß zwischen 100° und 150° eine Ausscheidung von hydroskopischem Wasser vor sich geht, als eine völlig bedingte Abgrenzung zwischen der ersten und zweiten Periode der trockenen Torfdestillation hinnehmen.

Wenn die Torfmasse auf 150° erhitzt ist, beginnt eigentlich der Prozeß der Verkohlung des Torfes, wie Höring sagt. Um sich genauer auszudrücken, muß mau sagen, daß dann der Prozeß der Torfverkohlung rascher zu verlaufen beginnt. Diese Periode kennzeichnet sich durch Destillation von Methylalkohol, welcher solange gebildet wird, bis die Torftemperatur auf 300° gestiegen ist. Bei etwas über 200° erscheinen die ersten Tropfen Teer, welcher nun zum Schluß dieser Periode ziemlich rasch abdestilliert. Das abdestillierte Wasser erhält Essigsäure. In dieser Periode färbt sich die Torfmasse schwarz.

Hörings letzterwähnte Beobachtung wurde später von W. Schneider und A. Schellenberg[2]) bestätigt, die festgestellt haben, daß eine andauernde Erhitzung des Torfes bis 200° keine Teerbildung hervorruft und nur durch eine Steigerung der Temperatur bis auf 250° sich eine Destillation von 1,9 Proz. Teer erzielen läßt.

<hr>

[1]) Höring, Moornutzung und Torfverwertung (1915), 267.
[2]) Abh. Kohle **5**, 97 (1922).

Zu Anfang dieser Periode scheidet die Torfmasse große Mengen Kohlensäure aus; das ausströmende Gas brennt nicht, es enthält fast gar keine brennbaren Bestandteile, die erst am Ende der Periode auftreten. Die reichhaltige Ausscheidung von Kohlensäure weist darauf hin, daß sich in dieser Periode eine Reihe exothermischer Prozesse abwickeln, wodurch rasche Temperatursteigerung des Torfes und im Zusammenhang damit Beschleunigung des trockenen Destillationsprozesses eintreten.

Die nächste Periode ist durch eine gesteigerte Destillation des Teers, die bis 550° andauert, gekennzeichnet. In dieser Zeit treten in den Gasen Ammoniak und brennbare Bestandteile (bei 350—400°) in solcher Menge auf, daß das Gas schon brennen kann.

Eine Erhöhung der Torftemperatur über 550° hinaus ist für den Teerabgang belanglos und führt nur zur Ausscheidung von Methan und Wasserstoff aus dem Halbkoks.

Die erwähnten Grenzen für die Torfverkohlungsperioden sind selbstverständlich rein schematischer Art und werden je nach Charakter und Zusammensetzung des Torfes, nach Konstruktion der Destillierapparatur und dem Erhitzungsverfahren für die Torfmasse in hohem Maße wechseln.

In nebenstehender Tabelle XLI gibt Höring die Destillationsergebnisse für Vardaltorf bei verschiedenen Temperaturen, sowie eine Charakteristik der dabei gewonnenen Produkte. Der ursprüngliche Torf enthielt 16 Proz. Wasser und 4 Proz. Asche.

Tabelle XLI.

Destillationstemperatur Celsius	Koks			Analyse des Kokses, Proz.						Teer				Gas	Wasser	Ammoniak	Essigsäure	Methylalkohol
	Ausbeute Proz.	Qualität	Spezifisches Gewicht	C	H	O	N	Asche	W E.	Ausbeute Proz.	Spezifisches Gewicht	Saure Bestandteile	Neutralöl	Proz.	Proz.	Proz.	Proz.	Proz.
525°	39,9	hart	0,80	73,84	3,85	11,85	1,36	9,60	6520	10,4	0,97	51	49	19,3	30,5	0,23	0,59	0,15
710°	35,1	hart	0,81	—	—	—	—	—	—	11,0	0,97	50	50	24,9	29,0	0,29	0,58	0,10
850°	33,6	weich	0,84	81,27	1,55	3,97	1,41	11,8	6890	10,3	0,98	—	—	27,6	28,5	0,46	0,57	—

Aus den Werten der Tabelle XLI ist zu ersehen, daß bei 525° eine völlig ausreichende Verkohlung des Torfes stattfindet, da unter solchen Bedingungen gewonnener Koks einen hohen Heizwert besitzt, welcher nur um ein geringes gesteigert wird, wenn man die Temperatur auf 850° erhöht. Wenn man erwägt, daß im letzteren Fall die Koksausbeute erheblich zurückgeht, so wird die Unzweckmäßigkeit einer Torfverkokung bei erhöhter Temperatur sichtbar.

Eine Erhöhung der Torfverkohlungstemperatur über 525° bleibt für die Teerausbeute ganz wirkungslos und hat nur Vermehrung von Gas und Ammoniak zur Folge.

Bei der Wahl der Verkokungstemperatur muß man auch die Beschaffenheit des Kokses in Anschlag bringen. Bei niedriger Temperatur gewonnener Koks ist aktiver, vergast leicht, entzündet sich leicht und gibt eine recht lange Flamme.

Spezielle Versuche Hörings haben erwiesen, daß eine Zuführung von Wasserdampf in den Destillierapparat keine wesentliche Bedeutung für die Ausbeute an Teer hat und nur dessen Zusammensetzung ändert; die Mengen an sauren Produkten im Teer nehmen erheblich zu. Unter solchen Bedingungen geht die Koksausbeute wegen der Bildung von Wassergas ein wenig zurück, die Ammoniakmenge dagegen verdoppelt und verdreifacht sich sogar.

Die Ergebnisse der Höringschen Versuche sind in Tabelle XLII zusammengestellt, in der die Ausbeuten an Destillationsprodukten verschiedener Torfarten in Prozent der angewandten Torfmengen angegeben sind.

Tabelle XLII.

	Schwaneburg		Norwegische Torfe		
Koks	32,1	34,0	37,0	24,0	32,0
Wasser	35,0	34,5	32,5	37,0	35,5
Teer	6,5	6,5	4,5	8,6	6,2
Gas	26,4	25,0	26,0	32,4	26,3
Ammoniak . .	0,28	0,35	0,12	0,25	0,05

Die von Höring gewonnenen Teere kann man nicht als primäre ansehen, da in denselben Naphthalin gefunden wurde, für dessen Bildung eine Überhitzung der Teerdämpfe erforderlich ist. Ferner muß man auch die von Höring erzielten Ausbeuten an Teer als niedrig bezeichnen. In der Tat ergibt die Aluminiumretorte von Franz Fischer größere Teerausbeuten, wie durch Destillationsergebnisse mit zwei Torfarten

Tabelle XLIII.

		Satolotsch (Ural)			Syrjansk (Ural)			Sinjawino (Lenin-grad)	Tschernoramen-skoje (Balachna)		Elektroperedatscha		
		I	II	III	I	II	III		I	II	1922	1923	1924
Ausgangstorf abs. trocken	Asche . . . . . Proz.	9,6	9,4	10,8	8,6	6,6	6,5	2,4	5,0	3,2	—	—	—
Organische Masse	W E	—	—	—	—	—	—	5414	5420	5351	—	—	—
	Huminsäuren[1]) . . Proz.	59,2	52,6	63,4	52,5	53,9	70,8	—	81,2	56,8	—	—	—
	C . . . . ,,	53,03	58,26	60,33	55,60	56,33	57,50	57,20	—	—	—	—	—
	H . . . . ,,	5,92	5,95	8,04	5,10	5,97	6,38	5,99	—	—	—	—	—
	N . . . . ,,	2,8	2,16	1,84	1,69	1,66	1,57	0,68	1,44	0,97	1,25	1,37	1,31
	S . . . . ,,	1,94	1,91	1,38	0,66	0,53	0,53	0,24	0,85	0,36	0,29	0,28	0,29
	O . . . . ,,	36,31	31,72	28,41	36,95	35,51	34,02	35,85	—	—	—	—	—
Nach Gräfe	Halbkoks . . . . Proz.	43,7	44,7	45,6	44,5	45,0	46,3	42,5	43,1	41,0	40,1	41,5	41,1
	Teer . . . . . . ,,	7,7	11,8	7,7	9,1	9,2	11,2	8,3	8,4	8,6	9,8	9,7	9,1
	zersetztes Wasser . ,,	16,8	18,0	19,1	24,5	22,9	20,3	26,4	20,9	22,7	25,5	25,5	25,6
	Gas . . . . . . ,,	31,8	25,5	27,6	21,9	22,9	22,2	22,8	27,6	27,6	24,6	23,3	24,3
Koks	S . . . . Proz.	3,91	2,71	1,22	0,59	0,53	0,56	—	0,93	0,40	0,29	0,43	0,28
	N . . . . ,,	3,02	2,89	2,35	2,31	2,00	1,70	—	1,21	1,16	1,40	1,07	1,24

[1]) Kolorimetrisch bestimmt. G. Stadnikoff u. S. Mehl, Brennstoffchemie **6**, 137 (1925).

88

nach Versuchen von W. Schneider und A. Schellenberg[1]) mit
Aluminiumretorte bestätigt wird:

I Velener Brenntorf   1. 11,8,   2. 12,8 Proz.,
II Lauchhammer Torf   3. 18,5,   4. 18,0,   5. 25,9 Proz.

Die Versuche mit Lauchhammer Torf zeigen auch, daß die niederen
Torfschichten eine größere Teerausbeute geben. Westfälischer Torf[2])
lieferte bei der Destillation unter gleichen Bedingungen 11,8 Proz. Teer.

Für russische Torfe kennt man Ergebnisse, die bei Destillation in
der Retorte von Gräfe oder in der Aluminiumretorte erzielt wurden.
Eine Torfart wurde auch in der rotierenden Retorte von Franz Fischer
destilliert. Die Ergebnisse, welche bei der Destillation in der Retorte
von Gräfe erzielt wurden, sind in der Tabelle XLIII, die Destillationsergebnisse in der Aluminiumretorte in der Tabelle XLIV zusammengestellt.

Tabelle XLIV.

Benennung des Moores	Ausbeute, Proz.			
	Zersetzungs-wasser	Teer	Halbkoks	Gas
Elektroperedatscha .	22,20	18,20	40,90	18,7
Jelaginskoje 1,25 m	20,7	18,6	42,4	18,3
,, 2,0 ,,	17,5	18,9	46,6	17,0

Aus den Tabellen XLIII und XLIV lassen sich folgende Schlüsse
ziehen:

1. Die Teerausbeuten zeigen manchmal erhebliche Schwankungen
   für Torf aus einer und derselben Lagerstätte (Uraltorfe), sind dagegen manchmal in verschiedenen Teilen des betreffenden Moores
   gleich (Elektroperedatscha).

2. Eine Destillation bei niedriger Temperatur entfernt mit den flüchtigen Stoffen beinah die Hälfte der Schwefel- und Stickstoffmenge,
   die im Torf enthalten sind; ungefähr die Hälfte dieser Stoffe bleibt
   im Halbkoks zurück.

3. Die Aluminiumretorte liefert beinah eine doppelt so hohe Teerausbeute wie die Retorte von Gräfe.

Die Teerausbeute aus der rotierenden Retorte von Franz Fischer
nimmt ihrer Menge nach eine mittlere Stellung ein, wie dieses aus den
Zahlen der Tabelle XLV zu ersehen ist, wo die Destillationsergebnisse
für den Torf der Elektroperedatscha angegeben sind.

---

[1]) Abh. Kohle **5**, 97 (1922).
[2]) W. Fritsche, Abh. Kohle **6**, 499 (1923).

Tabelle XLV.

	Ausbeute, Proz.			
	Halbkoks	Teer	Zersetzungs-wasser	Gas und Verlust
Retorte Gräfe ...	41,5	9,7	25,5	23,3
Aluminiumretorte..	40,90	18,20	22,20	18,7
Rotierende Retorte .	33,6	12,6	25,00	28,8

Im Kapitel über Torfbitumina wird gezeigt werden, daß 50—60 Proz. des Torfteeres auf Kosten der Bitumina entstehen; die übrige Menge bildet sich bei der Zersetzung anderer Torfbestandteile.

Die elementare Zusammensetzung des Trockenrückstandes und sein Aschengehalt charakterisieren den Torf nur als Brennstoff; einige Hinweise auf die Natur des Torfes geben die Ergebnisse von dessen thermischer Zersetzung. Diese Kenntnisse sind jedoch keineswegs ausreichend, um die chemische Natur des Torfes und aller in der Lagerstätte vor sich gehenden Prozesse zu begreifen, sowie den Torf als Rohstoff für die chemische Industrie richtig bewerten zu können. Die letztere Frage zur Chemie und Technologie des Torfes kann erst dann eine vollständige Lösung erfahren, wenn es gelingt, den natürlichen Torf in seine einzelnen, diese bunte Mischung bildende Verbindungen zu zerlegen. Leider sind wir heute noch sehr weit von dieser Lösung entfernt und verfügen nicht einmal über einigermaßen einwandfreie Trennungsmethoden für die Verbindungen des Torfes. Die Begrenztheit unseres Wissens auf diesem Gebiet wird noch durch das Fehlen erforderlicher Kenntnisse über die Zusammensetzung der torfbildenden Pflanzen beeinträchtigt. Ohne diese Kenntnisse wird es nicht gelingen, die Prozesse der Torfbildung zu begreifen. Die Forschungsarbeit auf diesem Gebiet ist erst im Entstehen.

Vor verhältnismäßig kurzer Zeit (1903) haben St. Stefansen und W. Söderbaum[1]) recht eingehend die isländischen Torfbildner studiert; die von ihnen erzielten Ergebnisse sind in der Tabelle XIV angegeben.

Unter den Werten in Tabelle XLVI fehlen die für die Chemie des Torfes wesentlichsten Prozentgehalte der Torfbildner an Zellulose und Lignin. Der Ätherextrakt gibt auch keine Möglichkeit, sich ein klares Bild vom Gehalt der untersuchten Pflanzen an Bitumenbildnern zu machen; heute kann man es für erwiesen halten, daß Äther nur einen

---

[1]) Mitgeteilt nach Puchner, Der Torf, 17.

Tabelle XLVI.

Pflanzen	Asche	Stickstoff-Substanz	Äther-extrakt	Roh-faser	Pento-sane	Andere stickstoff-freie Extr.-Substanz	Total-Stick-stoff	Amid-Stick-stoff	Eiweiß-Stick-stoff	Eiweiß-stoffe
	Proz.	Proz.	Proz.	Proz.	Proz.	Proz.	Proz.	Proz.	Proz.	Proz.
Carex cryptocarpa Mey. . . .	5,87	14,77	3,03	23,45	19,23	33,65	2,364	0,688	1,676	10,47
Carex cryptocarpa Mey. . . .	5,84	12,13	2,47	22,50	21,44	35,62	1,941	0,733	1,208	7,55
Carex rostrata Stokes . . .	5,32	7,94	2,63	27,17	22,93	34,01	1,291	0,527	0,744	4,65
Carex rostrata Stokes . . .	6,85	11,48	2,58	26,14	22,25	30,70	1,837	0,402	1,435	8,97
Carex Godenoughii	7,87	14,11	2,81	21,65	17,31	36,25	2,258	0,247	1,984	12,40
Erisphorum polysiach. L. . .	5,40	12,36	3,40	24,69	23,37	30,78	1,978	0,473	1,505	9,41
Scirpus palustris L.	7,46	12,05	2,55	24,51	16,61	36,82	1,928	0,578	1,350	8,41
Scirpus palustris L.	8,56	9,47	3,35	19,15	14,45	45,92	1,516	0,318	1,198	7,49
Scirpus caespitosus L. . . .	3,65	13,73	2,16	24,37	27,44	28,65	2,196	0,498	1,698	10,61
Scirpus caespitosus L. . . .	3,28	12,66	2,31	23,00	24,78	33,97	2,026	0,342	1,684	10,52
Juncus filiformis L.	4,81	15,35	2,78	22,87	21,80	32,39	2,456	0,431	2,025	12,66
Salix lanata L.	6,84	18,35	3,66	16,75	11,24	43,16	2,935	0,434	2,501	15,63
Equisetum palustre L. . . .	21,40	17,19	2,38	14,49	7,17	37,37	2,750	0,916	1,834	11,46
Equisetum palustre L. . . .	23,69	18,34	2,52	14,10	6,73	34,62	2,934	0,778	2,156	13,48
Equisetum limosum L. . . .	15,94	16,60	1,96	19,07	7,55	38,88	2,657	0,990	1,667	10,42
Equisetum limosum L. . . .	12,69	11,58	1,60	22,04	8,28	43,81	1,852	0,437	1,415	8,84

geringen Teil der in der Pflanzensubstanz enthaltenen Harze und Wachse extrahiert. Endlich haben die Untersuchungen von St. Stefansen und W. Söderbaum die für uns interessanten Torfbildner, die Sphagnumarten, überhaupt nicht berücksichtigt.

Mit dem Studium der Zusammensetzung der Moose beschäftigen sich S. A. Waksman und K. R. Stevens.[1]) Zum Zerlegen der Pflanzen benutzten die amerikanischen Forscher Methoden, die bei agronomischen Analysen angewandt werden. Die trockene Pflanze wurde 16—24 Stunden lang mit Äther extrahiert, der Extrakt nach Entfernung des Lösungsmittels getrocknet und gewogen. Der Ätherextraktionsrückstand[2]) wurde 24 Stunden mit kaltem und darauf eine Stunde mit heißem Wasser ausgezogen. Das Verdampfen eines bestimmten Quantums der Lösung und die Austrocknung des Rückstandes bis zum konstanten Gewicht ergaben die mit Wasser extrahierten Stoffe.[3]) Der Rückstand von der Wasserbehandlung wurde mit 2prozentiger Salzsäurelösung bei 100^0 15 Stunden lang extrahiert, die Lösung auf Gehalt an reduzierenden Zucker untersucht und nach dem Ergebnis der Hemizellulosengehalt der Pflanze berechnet. Nach der Hemizellulosenextraktion wurde der Rest ausgewaschen, getrocknet und gewogen. Nach Ansicht der amerikanischen Forscher bestand dieser Rest bloß aus Lignin und Zellulose. In Wirklichkeit jedoch enthielt er noch Wachse und Harze, die mit dem Äther am Anfang der Analyse nicht extrahiert wurden.

1 g dieses Restes wurde bei gewöhnlicher Temperatur mit 10 g Schwefelsäure 80 v. H. zwei Stunden lang hydrolysiert, die Mischung dann mit 150 ccm Wasser verdünnt und am Rückflußkühler 5 Stunden lang gekocht. Der Reaktionsrest wurde im Goochtiegel getrocknet und gewogen. Auf diese Weise ermittelte man den Ligningehalt und aus der Differenz den Zellulosegehalt.

Die Ergebnisse der Untersuchung von S. A. Waksman und K. R. Stevens sind in der Tabelle XLVII angegeben.

Die in der Tabelle mitgeteilten Ergebnisse sind als erster Annäherungsversuch zur Ermittlung der Zusammensetzungen torfbildender Pflanzen anzusehen. Es unterliegt keinem Zweifel, daß bei der Bestimmung der Hemizellulosen auch der Zucker der Pektinstoffe, die vor

---

[1]) Soil science **26**, 133.
[2]) Dieses Material enthielt eine beträchtliche Menge bitumenbildender Stoffe.
[3]) Pektinstoffe und Biosen wurden teilweise mit Wasser extrahiert. teilweise blieben sie in der Pflanze zurück und wurden bei Erwärmung mit Salzsäure einer Hydrolyse unterworfen, wodurch Fehler in der Bestimmung der Hemizellulosen bedingt wurden.

der Salzsäurebehandlung der Pflanzen mit dem Wasser nicht extrahiert
worden waren, mit eingerechnet wurde. Heute wissen wir, daß zur vollständigen Extraktion der Pektinstoffe eine mehrmalige Extraktion
mit siedendem Wasser notwendig ist.[1]) Ebenso wurden auch Zellulose
und Lignin aus oben erwähntem Grunde nicht genau bestimmt.

Tabelle XLVII.

Pflanzenmaterial	Im Äther löslich	Mit kaltem u. heißem Wasser extrahiert	Hemi- zellu- losen	Zellu- lose	Lignin, asche- u. stick- stoff- frei	Asche
	Proz.	Proz.	Proz.	Proz.	Proz.	Proz.
Carex, oberer Teil . .	2,54	12,56	18,38	28,20	21,08	3,30
Carex, unterer Teil .	1,66	3,18	20,87	11,78	41,74	4,56
Hypnum	4,58	8,41	18,92	24,75	21,13	4,33
Sphagnum, oberer Teil	1,47	3,86[2])	30,82	21,13	6,97	3,18
Sphagnum, untererTeil	1,60	1,56	24,50	15,88	19,15	19,92

Trotzdem sind die Untersuchungen von S. A. Waksman und
K. R. Stevens in einer Hinsicht von sehr großer Bedeutung; sie
haben nachgewiesen, daß Sphagnum einen nicht hydrolysierbaren
Bestandteil enthält, welcher nach seinem Verhalten zur Schwefelsäure
dem Lignin äußerst ähnlich ist. Und wenn die Botaniker kein Lignin
im Sphagnum fanden, hat trotzdem diese Arbeit wieder die Behauptung von Keppeler bestätigt, der schon 1921 darauf hingewiesen hatte,
daß die Torfmoore eine Substanz enthalten, die in starker Salzsäure
unlöslich und in dieser Hinsicht dem Lignin ähnlich ist.[3])

Wir hatten auf diese Weise genügenden Grund, im Sphagnum die
Anwesenheit von Lignin festzustellen, das sich durch seine Mikroreaktion
vom Holzlignin unterscheidet und durch sein Verhalten zu den hydro-
lysierenden Agenzien ihm ähnlich ist.

Einer der wesentlichsten Einwände gegen die Lignintheorie der
Kohlenentstehung wird dadurch entkräftet.

Das Laboratorium von Hydrotorf hat die Analyse der Torfbildner
etwas modifiziert. Die bis zum lufttrockenen Zustand gebrachte Pflanze
wurde zu Pulver zerrieben und erschöpfender Extraktion mit Benzol-
Alkohol im Soxhletapparat unterzogen. Das von Wachsen, Harzen und

---

[1]) F. Ehrlich u. R. Sommerfeld, Biochem. Zeitschr. **168**, 263; F. Ehrlich u. F. Schubert, Biochem. Zeitschr. **169**, 13 (1926)
[2]) Nur mit kaltem Wasser extrahiert
[3]) Brennstoffchemie **2**, 215.

Chlorophyl befreite Material wurde zwecks Beseitigung von löslichen Monosen und Biosen mehrfach mit Wasser bei 50° extrahiert. Zur Extraktion der Pektinstoffe wurde der Rest zehnmal mit großen Wassermengen gekocht. Das in kochendem Wasser Unlösliche wurde getrocknet, gewogen und einer Hydrolyse nach dem Verfahren von Willstätter und Zechmeister unterzogen.[1] Ausgeschiedenes Lignin wurde gewaschen, getrocknet und gewogen. Bei dieser Behandlung lieferte Sphagnum parvifolium folgende Ausbeuten[2]:

1. Benzolalkoholextrakt . 9,5 Proz.
2. Wasserextrakt bei 50° 5,0 ,,
3. ,, ,, 100° 41,1 ,,
4. Zellulose . . . . 35,2 ,,
5. Lignin . . . . 9,2 ,,

Ein besonders reges Interesse bot die Untersuchung der nichthydrolysierbaren Substanz. Schon auf Grund der Arbeit von H. Tropsch[3] war zu erwarten, daß verschiedene Pflanzen das ihnen unentbehrliche Lignin mit verschiedenem Gehalt von Methoxylgruppen bilden werden, wenn derselbe Baum (die Buche) im Stamme Lignin mit einem Normalgehalt von Methoxyl (14—15 Proz.), in den Blättern aber mit einem reduzierten Gehalt (4,15 Proz.) synthesiert.

Lignine der für Hochmoore besonders typischen Torfbildner gaben bei der Untersuchung folgende in Tabelle XLVIII[4] zusammengestellten Ergebnisse.

Tabelle XLVIII.

	Sphagnum parvifolium	Sphagnum medium	Eriophorum vaginatum
Asche, Proz.	3,3	8,08	18,8
In der organischen Substanz, Proz. — C	55,85	59,58	63,6
H	6,13	5,46	5,9
Methoxyl	1,40	1,92	6,4
Ausbeute aus den trockenen Pflanzen, Proz.	9,2	16,14	32,6

Die Ergebnisse der Tabelle XLVIII schließen jeden Zweifel über das Vorhandensein von Lignin in Moosen aus. Im Eriophorium vaginatum hatte man Lignin auch früher gefunden, da es charakteristische Reak-

---

[1] Ber. **46**, 2403 (1913).
[2] Einer unveröffentlichten Arbeit von I. M. Kurbatoff entnommen.
[3] Abh. Kohle **6**, 289.
[4] Einer unveröffentlichten Arbeit von A. G. Baryschewa entnommen

94

tionen ergibt. Jetzt wissen wir, daß dieses Lignin nach seiner Methoxyl-
zahl dem Lignin der Moose näher steht, als dem der Holzsubstanz.
Daher schwankt der Methoxylgehalt in weiten Grenzen und stellt nicht
eine für Lignin charakteristische Größe dar.

Ihrer elementaren Zusammensetzung nach unterscheiden sich die
Lignine der Torfbildner auch wesentlich voneinander.

Die Zersetzung der Torfe in einzelne Bestandteile wurde mehrmals vorgenommen, doch besitzen wir bisher noch nicht einwandfreie
Ergebnisse.

S. A. Waksman und K. R. Stevens[1]) wandten für die Zerlegung
der Torfe in ihre Bestandteile dieselben Methoden an, welche sie bei
der Untersuchung über die Zusammensetzung von Torfbildnern benutzten. Daraus folgt von selbst, daß das von den amerikanischen
Forschern abgesonderte „Lignin" eine Mischung von Lignin, Huminsäuren und den Bestandteilen von Torfbitumina darstellt, welche mit
Äther nicht extrahiert worden waren. Dementsprechend erzielten die
erwähnten Forscher einen sehr niedrigen Bitumengehalt. In die Zusammensetzung der Hemizellulosen wurden die Produkte der Pektin-
stoffhydrolyse und die mit Wasser nicht vollständig extrahierten Monosen
mit einbegriffen. In Anbetracht dieser Mängel können die von den
amerikanischen Forschern ermittelten Zahlen den Vertorfungsprozeß
nicht erschließen.

Sven Odén[2]) benutzte zur Bestimmung der Torfbestandteile
ein anderes Verfahren:

I. Der bei 100° getrocknete Torf oder das Pflanzenmaterial wird
6—8 Stunden lang im Soxhletapparat mit Äther extrahiert.

II. Der Rest von I wird im Autoklaven mit normaler Schwefeldioxyd-
lösung 12 Stunden lang behandelt; nach der Abkühlung filtriert
man die Ligninlösung vom Rest ab.

III. Der getrocknete und gewogene Rest von II wird bei 110° im Autoklaven zur Bestimmung der Huminsäuren mit Ammoniak extrahiert; der Rest wird von der Lösung getrennt, gewaschen und
gewogen; die Huminsäuren werden aus der Differenz ermittelt.

IV. Der Rest von III wird mit Schweizers Reagens zur Lösung
der Zellulose behandelt, letztere aus der Lösung durch Alkohol
abgeschieden, gewaschen, getrocknet und gewogen. Bei der Beschreibung seines Verfahrens erwähnt Sven Odén, daß zusammen

---

[1]) Loc. cit.
[2]) Sven Odén u. S. Lindberg, Brennstoffchemie **7**, 166 (1926); Sven
Odén, Fuel **4**, 510 (1925).

mit dem Lignin auch die Produkte der Hydrolyse von Pentosanen und Hexosanen und mit den Huminsäuren die Pektinstoffe extrahiert wurden.

Zu den Mitteilungen von Sven Odén muß noch hinzugefügt werden, daß Äther die Bitumina aus dem Torf nicht vollständig extrahiert hatte; deshalb verblieb eine gewisse Menge Bitumen in den übrigen Bestandteilen. Doch gelangte die Hauptmasse in die Ammoniaklösung der Huminsäuren und in das Unlösliche. So lange der vom Bitumen nicht völlig befreite Torf in den Autoklaven mit Schwefeldioxyd behandelt wurde, wurden die Pektinstoffe hydrolysiert und zusammen mit dem Lignin, nicht aber nur mit den Huminsäuren extrahiert. Bei der Extraktion des Restes von II mit Ammoniak wurden zusammen mit den Huminsäuren auch einige organische Säuren extrahiert, die sich im Torf als unlösliche Salze des Aluminiums und Eisenoxyds befanden. Deswegen wurde die Bestimmung der Huminsäuren aus der Gewichtsdifferenz sehr fehlerhaft.

Die Ergebnisse der Untersuchungen von Sven Odén sind in der Tabelle XLIX angegeben. Aus derselben ist zu ersehen, daß für Sphagnum balticum und Eriophorum vaginatum der Ligningehalt zu hoch beziffert ist (75,8 und 57,9 Proz.). Ein Mehr an Ligningehalt im Sphagnum balticum gegenüber dem im Eriophorum vaginatum erscheint ganz unglaubwürdig.

Tabelle XLIX.

	Äther-extrakt	Lignin mit Zucker-zusatz	Humin-säure mit Pektin-zusatz	Zellulose	Un-lösliches
	Proz.	Proz.	Proz.	Proz.	Proz.
Haferstroh	1,6	50,3	8,2	40,4	1,1
Eriophorum vaginatum	1,2	57,9	9,7	5,5	25,7
Andromeda polifolia .	3,6	50,8	11,7	5,8	28,1
Sphagnum balticum .	0,8	75,8	5,1	10,8	7,5
Junger Torf 602. . .	4,3	43,4	25,4	4,7	22,2
Alter Torf 601 . . .	6,6	30,2	38,2	3,3	21,7

In den übrigen Fällen ist der Ligningehalt zu hoch gegriffen (im jungen Torf 43 Proz.), dagegen ist der Bitumengehalt der Torfe sehr niedrig angegeben. Äußerst niedrig ist auch der Zellulosegehalt im Sphagnum und in den Torfen bemessen. Wenig verständlich sind die hohen Zahlen für das Unlösliche in den Torfen.

Das Laboratorium von Hydrotorf benutzte für seine Untersuchung Sphagnumtorf der „Elektroperedatscha" aus vier Tiefen: 0,5, 1,0, 1,5 und 2,0 m.

Die botanische Analyse, durchgeführt von W. S. Dokturowsky[1]), ergibt, daß reiner Sphagnumtorf in der Tiefe von 1—2 m vom Sphagnum-Eriophorumtorf verdrängt wird.

Jede Torfprobe wurde in der Luft bis zu 12—15 Proz. Feuchtigkeitsgehalt entwässert, in feines Pulver zermahlen und dann untersucht.

Die Torfproben kennzeichnen sich durch die Zahlen der Tabelle L.

Tabelle L.

Tiefe der Lagerschicht	Feuchtig-keitsgehalt	Asche im trocknen Torf	In der organischen Masse Proz.			
m	Proz.	Proz.	C	H	S	N
0,5	15,55	3,13	50,63	5,68	0,35	1,54
1,0	13,20	2,04	53,61	6,01	0,20	1,40
1,5	11,94	2,49	56,63	6,08	0,13	0,94
2,0	12,04	—	—	—	—	—

Alle vier Torfproben wurden mit einer Benzol-Alkoholmischung (1 : 1) bis zur vollen Entfärbung des Lösungsmittels extrahiert. Die Ausbeuten von Bitumen sind in Tabelle LI angegeben und in Prozent der Trockensubstanz der Torfe ausgedrückt.

Tabelle LI.

	Tiefe der Lagerstätte m			
	0,5	1,0	1,5	2,0
Ausbeute an Bitumen . . . . Proz.	10,89	17,01	19,02	22,68

Die bitumenfreien Torfproben wurden mit Wasser extrahiert. Die erste Probe (Tiefe 0,5 m) wurde 5 Tage lang mit Wasser von Zimmertemperatur extrahiert, 10 Tage bei 55°, 10 Tage auf siedendem Wasserbad behandelt, 10 Tage über offener Flamme gekocht. Das für die Extraktion benutzte Wasser wurde täglich gewechselt. Die Wasser-

---

[1]) Der Verfasser hält es auch hier für seine angenehme Pflicht, W. S. Dokturowsky für die bereitwillige Ausführung der botanischen Analysen seinen Dank auszusprechen.

extraktion mit der zweiten Probe (Tiefe 1,0 m) begann sofort bei 55°, mit der dritten (Tiefe 1,5 m) auf siedendem Wasserbad, da die beiden ersten Versuche erwiesen hatten, daß Wasser bei Zimmertemperatur sowie auf 55° erwärmtes nur sehr wenig extrahieren.

Die Wasserextrakte wurden verdampft und die Rückstände in Vakuumexsikkatoren bis zum konstanten Gewicht getrocknet. Die Extrakte stellten brüchige glänzende schwarzgefärbte Substanzen dar. Alle Extrakte reduzierten Fehlingsche Lösung. Außerdem gaben die beiden letzten Extrakte positive Reaktionen auf Zucker mit α-Naphthol und Schwefelsäure (Molisch) und auf Aldehydzuckersäuren mit Naphthoresorzin und Salzsäure. Außer Zucker enthielten die Extrakte Gerbstoffe, welche mit Hautpulver aus den Wasserlösungen leicht extrahiert werden. Ein Urteil über die Extraktmenge erhält man durch die Zahlen der Tabelle LII, in der die Ausbeuten in Prozent der Trockensubstanz der Torfe angegeben sind.

Tabelle LII.

Tiefe der Lagerstätte m	Extrakt bei Zimmertemperatur Proz.	Extrakt bei 55° Proz.	Extrakt im siedenden Wasserbad Proz.	Gekochter Extrakt Proz.	Summe aller Extrakte Proz.
0,5	0,69	0,77	6,02	7,41	14,89
1,0	—	1,50	6,50	4,70	12,70
1,5	—	—	5,95	7,16	13,11

Der Torf, befreit von allen wasserlöslichen Substanzen, wurde durch Erwärmung auf dem Wasserbad, bis zum Aufhören der Färbung der alkalischen Lösung, mit wässeriger Ätznatronlösung 1 v. H. extrahiert. Aus dem alkalischen Extrakt wurden die Huminsäuren mit verdünnter Schwefelsäure abgeschieden, durch Dekantieren ausgewaschen, abfiltriert und getrocknet. Die Ausbeuten an wasserfreien Huminsäuren sind in Prozent des trockenen Torfes in der Tabelle LIII angegeben.

Tabelle LIII.

	Tiefe der Lagerstätte m		
	0,5	1,0	1,5
Ausbeute an Huminsäuren . . Proz.	31,9	33,9	31,1

Alle Filtrate von den Huminsäuren wurden auf dem Wasserbad bis zur Trockne verdampft und die Rückstände im Soxhletapparat zuerst mit Äther und dann mit Alkohol extrahiert. Äther ergab hellbraun gefärbte Lösungen mit deutlicher teilweiser Kristallisationsneigung. Die Alkoholextrakte waren dunkelfarbig ohne Kristallisationsneigung. Die Ausbeuten an diesen Substanzen sind in Tabelle LIV angegeben.

Tabelle LIV.

	Tiefe der Lagerstätte m		
	0,5	1,0	1,5
Ätherextrakt . . . . Proz.	7,00	6,7	3,00
Alkoholextrakt . . . . ,,	22,50	23,00	24,00

Nach der Extraktion der Huminsäuren stellte das in Alkalien Unlösliche eine dunkelgraue Substanz dar, die sorgfältig ausgewaschen und getrocknet wurde. Die Ausbeuten dieser Mischung an Lignin und Zellulose sind in der Tabelle LV angegeben.

Tabelle LV.

	Tiefe der Lagerstätte m			
	0,5	1,0	1,5	2,0
Zellulose und Lignin . . . . . Proz.	12,55	7,16	7,50	15,02

Durch die Hydrolyse der Zellulose nach dem Verfahren von Willstätter wurde Lignin abgeschieden, welches in allen Fällen ein braunes Pulver war. In jedem Lignin wurden der Gehalt an Asche, Kohlenstoff, Wasserstoff, Methoxyl nach Zeisel, für die Tiefen von 1,5 und 2,0 m, außerdem noch die Azetylzahlen nach Wenzel bestimmt. Die Ergebnisse der Ligninuntersuchungen sind in der Tabelle LVI angegeben.

Tabelle LVI.

Tiefe der Lagerstätte m	Ausbeute an Lignin, Proz. des trocknen Torfes	Gehalt des Lignins in Proz.				
		Asche	C	H	Methoxyl	Azetyl-zahl
0,5	2,65	42,00	68,74	6,47	2,2	—
1,0	1,55	21,90	61,58	6,85	4,28	—
1,5	2,70	22,50	64,46	6,33	6,39	5,14
2,0	7,61	15,55	66,63	5,41	3,57	2,34

Der Gehalt an Zellulose ist aus der Differenz ermittelt. Eine vollständige Zusammenstellung der Werte nach jeweiliger Tiefe ist auf Grund obiger Untersuchungen in der Tabelle LVII enthalten.

Tabelle LVII.

| Tiefe der Lagerstätte m | Asche Proz. | Bitumen Proz. | Wasserextrakt Proz. | Huminsäuren Proz. | Extrakt aus dem sauren Filtrat der Huminsäuren | | Lignin Proz. | Zellulose Proz. | Summe Proz. |
					Äther Proz.	Alkohol Proz.			
0,5	3,13	10,89	14,89	31,90	7,00	22,50	2,65	9,90	102,86
1,0	2,04	17,01	12,70	33,90	6,70	23,00	1,55	5,61	102,51
1,5	2,49	19,02	13,11	31,10	3,0	24,0	2,70	4,80	100,22
2,0	—	22,68	—	—	—	—	7,61	7,41	—

Wenn man die Zusammensetzung der untersuchten Torfarten mit der Zusammensetzung der Torfbildner, denen der Torf seine Entstehung verdankt, vergleicht, so kann man sich schon jetzt eine ganz klare Vorstellung von dem Hergang des Vertorfungsprozesses bilden und einige Ergänzungen zur Lignintheorie von Franz Fischer und H. Schrader hinzufügen.

Die oberen Schichten (bis zur Tiefe von 1 m) des untersuchten Torfes haben sich hauptsächlich aus Sphagnum parvifolium gebildet, dessen Trockensubstanz mit 46 Proz. im Wasser löslich ist (5 Proz. bei 55° und 41 Proz. beim Sieden). Der Wasserextrakt aus Sphagnum enthält hauptsächlich Verbindungen neutraler Art, vor allem Zucker und Pektinstoffe.

Der untersuchte Torf enthält bedeutend weniger wasserlösliche Substanzen (etwa 15 Proz.), dafür aber im Wasser unlösliche Salze solcher Säuren, die in Wasser, Alkohol und Äther löslich sind. Bei Behandlung des Torfes mit wässerigen Alkalien verwandeln sich diese unlöslichen Salze in wasserlösliche Alkalisalze, die zusammen mit alkalischen Humaten aus dem Torf extrahiert werden; der Gehalt des Torfes an solchen Säuren steigt bis 30 Proz. Daraus ist der Schluß zu ziehen, daß Zucker und Pektinstoffe im Vertorfungsprozeß zusammen mit der Zellulose verschwinden; gleichzeitig treten im Torf die in Wasser unlöslichen Salze zusammengesetzter organischer Säuren auf. Davon sind die in Alkohol löslichen Säuren ihrem Aussehen nach sehr der Hymatomelansäure ähnlich, unterscheiden sich aber von ihr durch ihre Löslichkeit in Wasser. Die Annahme dürfte nicht zu gewagt erscheinen, daß diese Säuren, wenigstens teilweise, ein Zwischenstadium zwischen Lignin und Humussäuren bilden.

Die in der Zusammensetzung des Sphagnums enthaltene Zellulose verwandelt sich während des Vertorfungsprozesses ziemlich schnell. Ihr Gehalt von 35 Proz. im Sphagnum parvifolium sinkt beim Torf aus 0,5 m Tiefe auf 10 Proz. Ebenso rasch geht die Veränderung des Lignins vor sich, dessen Gehalt im Sphagnum parvifolium 9,2 Proz. und im Sphagnum medium 16,14 Proz. beträgt. Schon in der oberen Torfschicht (0,5 m) finden wir nur 2,65 Proz. Lignin und in der nächsten noch weniger, nur 1,55 Proz. Statt des Lignins enthält der Torf beträchtliche Mengen an Huminsäuren als Produkt seiner Umwandlung.

Tatsachen und Betrachtungen, die von Franz Fischer und A. Schrader zur Begründung der Lignintheorie bei Herkunft der Kohlen erörtert wurden, werden im Kapitel „Huminsäuren“ besprochen. Hier muß nur noch auf die Tatsache eines allmählichen Überganges des Lignins in Huminsäuren hingewiesen werden. Wenn wir die in Tabelle XLVIII angegebene Zusammensetzung der Lignine des Sphagnum parvifolium und Sphagnum medium mit der Zusammensetzung von Ligninen, die aus den oberen Torfschichten ausgeschieden wurden, vergleichen, so können wir leicht feststellen, daß das Torflignin sich bereits an Kohlenstoff bereichert und folglich den Umwandlungsweg zur Huminsubstanz schon betreten hat.

In der dritten Schicht (Tiefe 1,5 m), die sich aus Sphagnum und Eriophorum vaginatum gebildet hatte, hat sich Lignin gleichfalls mit Kohlenstoff bereichert: 64,5 Proz. Kohlenstoff statt 63,6 Proz. im Lignin des Eriophorum vaginatum und 59,6 Proz. im Sphagnum.

So können wir die Verwandlungen des Lignins in Humussäuren durch folgendes Schema darstellen: Lignin der Pflanzen — Lignin des Torfes — in Wasser und Alkohol lösliche Huminsäuren (Hymatomelansäure) — Humussäuren.

Kapitel IV.

Torfbitumina.

Organische Lösungsmittel extrahieren aus dem Torf dunkelgefärbte Substanzen, die man gewöhnlich Bitumina nennt.

Der Begriff „Bitumen" hat bis zur neuesten Zeit keine klare und vollständige Definition erhalten, welche von allen auf diesem Gebiete arbeitenden Fachmännern ohne Vorbehalt angenommen worden wäre.

Spezialisten im Asphaltstraßenbau nehmen Abrahams[1]) Definition (mit kleinen Veränderungen) an.[2]) Dieselbe Begriffsbestimmung ist auch den Fachmännern auf dem Gebiete des Erdöls geläufig. In der Kohlenforschung wird seit langem der Ausdruck Bitumen benutzt, ohne daß dieser Begriff eine klare Bestimmung erhalten hätte. Man könnte denken, in der Kohlenforschung sei Abrahams Definition allgemein angenommen, und es sei daher nicht nötig, eine andere Bestimmung des Begriffs „Bitumen" aufzustellen. Diese Annahme scheint aber wenig wahrscheinlich. Der Widerspruch, der sich aus der Definition von Abraham mit der Zusammensetzung und den Eigenschaften der Stein- und Braunkohlen-Bitumina ergibt, müßte sicherlich den auf dem Gebiete der Kohle arbeitenden Chemikern aufgefallen sein. Während der amerikanische Fachmann Bitumina als „ein Gemenge von Kohlenwasserstoffen, frei von sauerstoffhaltigen Beimischungen" bezeichnet, bestehen tatsächlich die aus Kohlen und Torf extrahierten Bitumina aus sauerstoffhaltigen Verbindungen fast ohne jeglichen Gehalt an Kohlenwasserstoffen. Es ist eher anzunehmen, daß die Frage nach einer Festlegung des genannten Begriffes in der Kohlenforschung noch gar nicht gestellt wurde. Soll der Begriff alle Bitumina natür-

---

[1]) Asphalts and allied substances S. 21 (1920).
[2]) H. Mallison, Teer, Pech, Bitumen und Asphalt (Halle 1926).

licher Herkunft umfassen, so würde die Bestimmung lauten: Bitumina sind natürliche Gemenge von Kohlenwasserstoffen oder ihren Sauerstoffderivaten, welche in organischen Lösungsmitteln und in Schwefelkohlenstoff löslich sind. Mineralien, welche diese Bitumina in beträchtlichen Mengen enthalten und sie beim Extrahieren mit organischen Lösungsmitteln abgeben, müssen dann als „bituminös" bezeichnet werden. Alle fossilen Kohlen (Torf inbegriffen) mit Ausnahme von Anthraziten und mageren Kohlen sind bituminöse Mineralien.

Diejenigen Stoffe, die bei pyrogenetischer und überhaupt destruktiver Verarbeitung der Bitumina und bituminöser Mineralien (Teer, Pech und andere) entstehen, sollte man nicht Bitumina nennen. Am zweckmäßigsten wäre es, diese Stoffe als „Pyrobitumina", ähnlich wie Pyroweinsäure, Pyrogallol usw., zu bezeichnen. Im Straßenbau werden auch diese Stoffe Bitumina genannt.

Durch Benutzung der oben erwähnten Definition würden wohl Verwechslungen bei Beschreibung des wissenschaftlichen Materials über Bitumina der festen fossilen Brennstoffarten vermieden werden.

Die Torfbitumina blieben bis vor kurzem wenig erforscht, man ermittelte wohl vereinzelt die Menge des Bitumens in verschiedenen Torfarten. Da bei den Bestimmungen verschiedene organische Lösungsmittel angewendet wurden, schwankten die für ein und dieselbe Torfart ermittelten Zahlen in weiten Grenzen je nach dem benutzten Lösungsmittel. Sven Odén[1]) gebrauchte als Lösungsmittel Äther oder Benzol und erzielte verhältnismäßig geringe Ausbeuten an Torfbitumina. Gleiche Mengen erhielten S. A. Waksman und K. R. Stewens[2]) mit Äther als Lösungsmittel.

Im Institut von Franz Fischer wurde ermittelt, daß Benzol oder eine Mischung von Alkohol und Benzol im Soxhletapparat nicht die ganze Menge der sich in der Kohle befindenden Bitumina auszieht. Erhitzen der im Soxhletapparat erschöpfend extrahierten Kohle mit Benzol im Autoklaven bei 50 Atmosphären (Temperatur etwa 270^0) lieferte nochmals dieselbe oder manchmal sogar größere Bitumenmengen. Auf diesem Wege gewonnene Bitumina unterscheiden sich von denjenigen, welche unter gewöhnlichem Druck erhalten werden.

---

[1]) Fuel **4**, 510 (1925); Brennstoff-Chemie **7**, 166 (1926).
[2]) Soil science **26**, 113 u. 239 (1928).

Diese neue Bitumenart bezeichnet das Institut von Franz Fischer als Bitumen „B", zum Unterschied von der Art „A", welche bei der Extraktion im Soxhletapparat gewonnen wird.

Die Anwendung der neuen Methode zur Extraktion der Bitumina aus verschiedenen Torfarten zeigte, daß auch im Untersuchungsmaterial bedeutende Bitumenmengen enthalten sind, welche unter höherem Druck extrahierbar sind. Franz Fischer und M. Kleinstück[1]) beobachteten folgendes Verhalten beim Extrahieren im Soxhletapparat: es ergaben Maschinentorf 4,4 Proz. Extrakt, Benzol unter höherem Druck dagegen 10,88%. Baggertorf ergab im ersten Falle 4,5% und im zweiten 10,4% Extrakt. Eine ausführlichere Untersuchung über Torfbitumina verdanken wir W. Schneider und A. Schellenberg[2]). Ihre Ergebnisse sind in der Tabelle LVIII zusammengestellt. Die genannten Forscher ziehen daraus folgende Schlüsse: Die Ausbeute an Bitumen ist von der Entstehungsart und vom Alter des Torfes abhängig.[3]) Bei 100⁰ getrockneter Torf liefert geringere Ausbeute. Im Soxhletapparat gewonnene Bitumina sind den Bitumina der Braunkohle ähnlich und enthalten keine ölartigen Produkte. Unter Druck gewonnene Extrakte enthalten Öl, dessen Menge bei Erhöhung der Temperatur wächst. Die Bildung der öligen Produkte weist darauf hin, daß beim Extrahieren unter Druck Zersetzungsprozesse stattfinden. Dafür sprechen auch die kleinen Ausbeuten an Torfresten, welche in organischen Lösungsmitteln unlöslich sind. Im Soxhletapparat werden mit Alkohol größere Bitumenmengen extrahiert als mit Benzol.

Zu diesen Ergebnissen von W. Schneider und A. Schellenberg ist hinzuzufügen, daß Alkohol aus dem Torf nicht nur die Bestandteile des Bitumens, sondern auch die Hymmatomelansäure extrahiert, was eine Erhöhung der Ausbeute bedingt.

Die Extraktion des Bitumens „B" darf bei Torf nur mit gewisser Vorsicht vorgenommen werden. Es ist nämlich bekannt, daß beim Erhitzen der Torfmasse die Zersetzung der Huminsäuren unter 100⁰ beginnt (Eller) und bei 150⁰ und darüber ziemlich rasch fortschreitet. In der Nähe von 250⁰ beginnt schon die Teerbildung, was natürlich eine Steigerung des Ölgehaltes im Bitumen B bei dieser Temperatur bedingt. Das Öl entsteht teilweise durch thermische Zersetzung der Torfbestandteile und bildet kein natürliches Bitumen.

---

[1]) Abh. Kohle **3**, 308 (1918).
[2]) Abh. Kohle **5**, 1 (1922).
[3]) Vgl. auch Franz Fischer, H. Schrader u. A. Friedrich, Abh. **5**, 536.

Tabelle LVIII.

Herkunft und Nummer der Torfprobe	Charakter des Torfes	Wasser-gehalt Proz.	Ex-traktions-art	Lösungs-mittel	Ausbeute an Bitumen, Proz. auf trocke-nem Torf bezogen	Torf-rück-stand, Proz. nach der Ex-traktion des Bitumens	Gesamt-menge von Rück-stand und Bitumen Proz.	Eigenschaften des Bitumens				
								Schmelz-punkt ^{0}C	S z	V z	Benzol-lös-licher Anteil	Alkali-lös-licher Anteil
Velener Torf 1. Probe	lufttrocken	13,8	Soxhlet	Benzol	2,1	97,4	99,5	—	—	—	—	—
1. ,,	,,	13,8	Soxhlet	Alkohol	4,3	98,6	102,9	105–110	—	—	36	61
Brenntorf	getrocknet	0,7	bei 250⁰	Benzol	12,1	53,4	65,5	—	60	187	—	—
Brenntorf	,,	1,5	bei 250⁰	Alkohol	32,8	51,1	83,9	—	47	230	—	--
2. Probe	lufttrocken	13,9	Soxhlet	Benzol	4,9	95,7	100,6	—	34,5	--	—	—
2. ,,	,,	13,9	Soxhlet	Alkohol	6,8	95,8	102,6	95	—	—	42	56
2. ,,	,,	13,9	bei 250⁰	Alkohol	27,5	58,1	85,6	—	—	—	—	—
3. ,,	getrocknet	12,6	Soxhlet	Benzol	7,7	93,4	101,1	—	51,1	—	—	—
3. ,,	,,	12,3	Soxhlet	Alkohol	9,0	94,1	103,1	95	—	—	42	57
Lauchhammer Torf 3. Probe	lufttrocken	12,8	Soxhlet	Benzol	5,3	96,0	101,3	—	—	—	—	—
4. ,,	,,	13,6	Soxhlet	Benzol	6,3	94,4	100,7	—	—	—	—	—
5. ,,	,,	13,6	Soxhlet	Benzol	12,2	88,2	100,4	—	—	—	—	—
5. ,,	,.	2,6	Soxhlet	Alkohol	6,9	94,6	101,5	70–75	—	—	48	42
5. ,,	,,	2,6	Soxhlet {	Benzol u. Alkohol	15,5	85,9	101,4	—	—	—	64	45
5. ,,	{ getrocknet u. mitBenzol extrahiert }	0,2	bei 250⁰	Benzol	22,0	61,4	83,4	—	—	—	—	—

Im früheren Laboratorium des „Hydrotorf" wurden eine Reihe russischer Torfarten untersucht und der Gehalt von im Soxhletapparat mit einem Gemisch aus Alkohol und Benzol extrahierbaren Bitumina ermittelt. Tabelle LIX enthält die Ergebnisse dieser Untersuchungen.[1]

Tabelle LIX.

Torfmoor	Botanische Charakteristik der Torfarten	Tiefe der Lagerung			
		0,5	1,0	1,5	2
		m			
Elektroperedatscha . . .	Sphagnum und Eriophorum vaginatum	13,8	21,7	—	24,4
Elaginskoje	,,	9,93	18,2	—	21,4
Rote Ecke	Carex	12,2	7,9	—	8,2
Tschernoramenskoje I .	Sphagnum und Eriophorum vaginatum	11,5	12,2	12,9	14,7
Tschernoramenskoje II.	,,	10,4	9,2	9,1	9,4
Tschernoramenskoje III	,,	12,6	13,9	13,9	
Sinjawinskoje I	,,	10,4	13,0	13,8	8,8
Sinjawinskoje II	,,	8,3	8,0	8,5	8,3
Ljapinskoje	Sphagnum	18,4	15,1	16,8	18,7
Dalninskoje	,,	13,6	16,4	20,7	22,2

Die Zahlen der Tabelle LIX beweisen, daß die russischen Torfarten viel reicher an Bitumina sind als die deutschen. Im Sphagnum-Torf der Elektroperedatscha (früher Morosovskoje), Elaginskoje und Dalninskoje ist der Gehalt an Bitumina so hoch (im Mittel 18—20 Proz.), daß diese Torfarten als Ausgangsprodukte zur Gewinnung von Bergwachs und Harzen dienen können.

In welchem Mengenverhältnis die Bitumina im Soxhletapparat mit Alkohol bzw. Benzol extrahiert wurden, ergibt sich aus den Werten der Tabelle LX, in welcher die Ergebnisse der aufeinanderfolgenden Extraktion mit Alkohol, Benzol und dem Gemisch beider Lösungsmittel an zwei typischen russischen Torfarten zusammengestellt sind.

Tabelle LX.

Torf	Extrahierte Bitummenge			Insgesamt
	mit Benzol	mit Alkohol	mit Alkohol-Benzol-Gemisch	
	Proz.			
Elektroperedatscha (westl. Teil) . .	8,23	5,30	1,00	14,53
Elektroperedatscha (östl. Teil) . . .	10,08	9,64	0,44	20,16

[1] G. Stadnikoff u. N. Titon, Brennstoff-Chemie **9**, 357 (1928).

Torfbitumina sind Substanzen von dunkelbrauner bis fast schwarzer Färbung und zeigen muscheligen Bruch; einige sind spröde und lassen sich pulverisieren, andere wiederum sind zähflüssig und können im Mörser nicht zerkleinert werden.

Gleich den Bitumina der Braunkohle[1]) bestehen die Torfbitumina aus einem Gemisch verschiedener sauerstoffhaltiger organischer Verbindungen. Bei Behandlung mit einem Gemisch aus Alkohol und Äther oder bei Fällung der alkoholischen Lösung mit Äther läßt sich das Bitumen zerlegen in eine wachsartige, feinkristallinische, im geschmolzenen Zustand ziemlich zähflüssige Masse, die gelb bis gelbbraun gefärbt ist, und in amorphe, spröde Harze von schwarzer Färbung. Dieselbe Fraktionierung des Bitumens kann durch Extraktion mit Benzin und darauf mit Benzol im Soxhletapparat erreicht werden. Der benzinlösliche Anteil enthält hauptsächlich Wachsarten und nur geringfügige Mengen Harz, während der benzollösliche Anteil fast ausschließlich aus Harzen besteht. Tabelle LXI enthält zahlenmäßige Angaben über den Gehalt dieser beiden Bestandteile in den Bitumina zweier typischen russischen Torfarten.[2])

Tabelle LXI.

Torfmoor	Botanische Charakteristik	Extrahiert mit Benzin Proz.	Extrahiert mit Benzol Proz.
Elektroperedatscha . .	Sphagnum und Eriophorum vaginatum	44,4	55,6
Elektroperedatscha . .	Carex	45,4	54,6

Die Torfbitumina bestehen aus einem Gemenge von freien Säuren, den entsprechenden Estern und vielleicht Anhydriden gesättigter und ungesättigter Verbindungen. Der Schmelzpunkt der Bitumina (nach Kremer-Sarnow) liegt ziemlich hoch. Tabelle LXII enthält einige Angaben über Eigenschaften und Zusammensetzung der Bitumina.

Die Werte der Tabelle LXII zeigen einen wesentlichen Unterschied in den Eigenschaften der Bitumina aus Sphagnum- und Carex-Torf. Letzteres Bitumen hat eine $2\frac{1}{2}$ mal höhere Säurezahl und eine 3 mal höhere Verseifungszahl als das Bitumen aus Sphagnum-Torf, das sich in seinen Eigenschaften den Bitumina der Braunkohlen nähert[3]), während das Bitumen aus Carex-Torf sich wesentlich von demjenigen aus Braunkohlenarten unterscheidet.

---

[1]) E. Erdmann u. M. Dolch, Die Chemie der Braunkohle 295 (1927).
[2]) G. Stadnikoff u. N. Titon, Brennstoff-Chemie **9**, 357 (1928).
[3]) E. Erdmann u. M. Dolch, Die Chemie der Braunkohle 294 (1927).

Tabelle LXII.

Torfmoor	Botanische Charakteristik	Schmp. nach Kremer-Sarnow ^{0} C	Ausbeute Proz.	Säurezahl	Verseifungszahl	Jodzahl	C Proz.	H Proz.
Elektroperedatscha	Sphagnum und Eriophorium vaginatum	86—87	16,8	21,0	43,3	23,0	71,1	10,1
„	Carex	86,87	22,4	50,0	139	28,5	69,5	9,5

Die Gegenwart von ungesättigten Verbindungen in den Torfbitumina macht diese empfindlich gegen Luftsauerstoff, besonders beim Erhitzen. In dieser Beziehung zeigen die Torfbitumina auch Ähnlichkeit mit den Bitumina der Braunkohle. Bei letzteren wies M. Schneider[1] eine relativ leichte Oxydierbarkeit nach; Bitumen „B" verliert beim Erhitzen an der Luft auf 150^{0} in bedeutendem Maße die Fähigkeit, sich in Benzol aufzulösen. Ein Vergleich der Elementaranalysen des Ausgangsbitumens und des in Benzol Unlöslichen führte W. Schneider zu dem wohlberechtigten Schluß, daß beim Erhitzen unter den erwähnten Bedingungen eine Oxydation des Bitumens „B" stattfindet.

Schneider und Schellenberg[2] fanden, daß beim Trocknen des Torfes bei 100^{0} die Ausbeute an im Soxhletapparat durch Benzol extrahierbarem Bitumen vermindert wird. Diese Verminderung der Ausbeute kann durch eine Änderung der Löslichkeit des Bitumens in Benzol erklärt werden, die vor allem durch Oxydation durch den Luftsauerstoff und nur in geringem Maße durch eine Polymerisation bedingt wird.

Obwohl, wie Franz Fischer und A. Schellenberg[3] zeigten, mit Wasser angerührter Torf bei 100^{0} nur langsam oxydiert wird, kann getrockneter Torf ein ganz anderes Verhalten gegen Luftsauerstoff aufweisen. Weitere Aufklärung über die Frage der Oxydierbarkeit und der Polymerisation der Torfbitumina brachten die Untersuchungen des chemischen Laboratoriums „Hydrotorf". Untersucht wurden Bitumina sowohl aus natürlichem Torf, als auch solche, die aus koaguliertem Torf (mit kolloider Eisenoxydlösung)[4] gewonnen worden waren. An dem Beispiel des koagulierten Torfes kann wenigstens

---

[1] Abh. Kohle **5**, 49.
[2] Abh. Kohle **5**, 76.
[3] Abh. Kohle **5**, 132.
[4] G. Stadnikoff, Hydrotorf, 2. Buch, 3. Teil, 11—17 (1927) und Brennstoff-Chemie **6**, 333 (1925).

qualitativ der Einfluß der Aschenelemente auf den Verlauf der Oxydation der Bitumina festgestellt werden.

Zu einer solchen Untersuchung benötigte man einen Vorrat an völlig homogenem Torf und an einem natürlichen, keinen Änderungen unterworfenen Torfbitumen, dessen Eigenschaften als Stützpunkt dienen könnten bei der Feststellung derjeniger Änderungen, die beim Torfbitumen während des Trocknens unter bestimmten Bedingungen eintreten. Ein völlig homogenes Material liefert die Hydromasse, welche die Torfpumpe und die Zerreibungsvorrichtung passiert hat. Ein gänzlich unverändertes Torfbitumen zu erhalten gelingt dagegen nicht, da zu dessen Herstellung die Torfmasse mit einem Gehalt von 96% Wasser bei gewöhnlicher Temperatur und unter Ausschluß von Luftsauerstoff getrocknet werden müßte, was eine sehr komplizierte Apparatur verlangt und sehr lange Zeit in Anspruch nehmen würde. Wir waren daher genötigt, die Hydromasse an der Luft bei gewöhnlicher Temperatur zu trocknen und den lufttrockenen Torf dann im Exsikkator über Schwefelsäure bis zum konstanten Gewicht nachzutrocknen. Die Eigenschaften des aus einem solchen Torf extrahierten Bitumens dienten als Standard zur Beurteilung der Änderungen der Torfbitumina beim Erhitzen unter verschiedenen Bedingungen.

Zur ersten Versuchsreihe wurden folgende Torfproben hergestellt:

Nr. 1. Unkoagulierter Torf, an der Luft bei gewöhnlicher Temperatur getrocknet und im Exsikkator nachgetrocknet.

Nr. 2. An der Luft getrocknet und in Luft bei 50—60° nachgetrocknet.

Nr. 3. An der Luft getrocknet und in Luft bei 105° nachgetrocknet.

Nr. 4. An der Luft getrocknet und in Luft bei 150° nachgetrocknet.

Nr. 5. An der Luft getrocknet und in Kohlensäure bei 105° nachgetrocknet.

Nr. 6. An der Luft getrocknet und in Kohlensäure bei 150° nachgetrocknet.

Mit kolloider Eisenoxydlösung koagulierte Torfproben:

Nr. 7. An der Luft bei gewöhnlicher Temperatur getrocknet und im Exsikkator über Schwefelsäure nachgetrocknet.

Nr. 8. In Luft bei 105° getrocknet.

Nr. 9. In Luft bei 150° getrocknet.

Nr. 10. In Kohlensäure bei 105° getrocknet.

Nr. 11. In Kohlensäure bei 150° getrocknet.

Bestimmte Mengen (etwa 100 g) jeder Torfart wurden im Soxhlet mit Äther bis zur völligen Entfärbung des Lösungsmittels extrahiert, was etwa 20 Stunden erforderte, dann wurde die Extraktion noch 10 Stunden lang fortgesetzt, der ätherische Auszug mit Natriumsulfat getrocknet, nach Filtration der Äther abdestilliert und der Rückstand im Exsikkator über Schwefelsäure bis zur Gewichtskonstanz getrocknet.

Die auf diese Art erhaltenen Bitumina wurden auf Azidität nach Pschorr[1]) und auf Jodzahl nach Hübl untersucht. Die Ergebnisse sind in der Tabelle LXIII zusammengestellt.

Tabelle LXIII.

Nummer der Torfproben	Trocknungstemperatur ^{0} C	Torfart	Ausbeute der Bitumina Proz.	Farbe des Extraktes	Säurezahl	Jodzahl	Torfprobe getrocknet in
1	17	nicht koaguliert	4,13	schwarzbraun	32,6	49,8	Luft
2	50—60	,,	3,80	,,	43,6	48,8	,,
3	100—105	,,	3,94	gelb	64,9	35,5	,,
4	140—150	,,	1,76	,,	62,7	26,4	,,
5	100—105	,,	3,8	,,	54,1	40,5	CO_2
6	140—150	,,	2,05	hellgelb	61,0	26,3	,,
7	17	koaguliert	4,1	dunkelbraun	36,6	35,4	Luft
8	100—105	,,	3,8	braun	44,8	29,1	,,
9	140—150	,,	2,1	gelb	62,5	22,2	,,
10	100—105	,,	2,69	braun	37,2	38,5	CO_2
11	140—150	,,	3,4	,,	40,1	38 5	,,

Die Werte der Tabelle LXIII zeigen, daß beim Trocknen in Luft mit steigender Temperatur die Menge der durch Äther ausziehbaren Bitumina abnimmt; gleichzeitig wächst die Säurezahl des Bitumens, während die Jodzahl fällt.. Beim Trocknen in Kohlendioxyd bei 105^0 und 150^0 tritt ebenfalls eine Verminderung der Ausbeute an durch Äther ausziehbaren Bitumina ein, wenn auch in geringerem Maße als beim Trocknen in Luft unter denselben Temperaturbedingungen.

Eine bedeutende Erhöhung der Säurezahl und Verminderung der Jodzahl ist auch für die Bitumina der in Kohlensäure getrockneten Torfproben zu beachten.

---

[1]) Zeitschr. f. angew. Chem. **34**, 334 (1921).

Aus diesen Ergebnissen ist ersichtlich, daß beim Trocknen in Luft bei erhöhter Temperatur eine Oxydation der Bitumina stattfindet. Außer den Oxydationsprozessen erfolgt unter diesen Bedingungen auch eine Hydrolyse der Ester und eine Polymerisation der ungesättigten Verbindungen. Durch diese Hydrolyse erklärt sich die Erhöhung der Säurezahl bei denjenigen Bitumina, welche aus in Kohlendioxyd getrocknetem Torf gewonnen wurden, wobei ja eine Oxydation ausgeschlossen war. Die Polymerisationserscheinungen haben dagegen unter denselben Bedingungen des Trocknens eine Verminderung der Jodzahl der Bitumina zur Folge. Da die Abnahme der Jodzahl für die Bitumina der in Luft und in Kohlendioxyd getrockneten Torfproben dieselbe ist, so kann man daraus schließen, daß beim Trocknen des Torfes an der Luft die Verminderung des ungesättigten Charakters der Bitumina nur durch Polymerisationserscheinungen und nicht durch Oxydation erfolgt. Was die Erhöhung der Säurezahl anlangt, so ist diese für die Bitumina aus den an der Luft getrockneten Proben sowohl durch Oxydationsprozesse als auch durch Hydrolyse zu erklären, da die Säurezahl der Bitumina aus denjenigen Torfproben, die bei derselben Temperatur in Kohlendioxyd getrocknet worden waren, etwas niedriger ausfiel.

Beim Vergleich der Versuchsergebnisse für die Bitumina aus koagulierten und nichtkoagulierten Torfproben, die in Luft getrocknet wurden, muß man auf Grund der Veränderung der Jodzahl schließen, daß der mit kolloidem Eisenoxyd koagulierte Torf gegen Luftsauerstoff und Temperaturerhöhung empfindlicher ist als der nichtkoagulierte. Bemerkenswert sind auch die Farbenunterschiede der Extrakte; oxydierte Torfarten liefern hellere Bitumina, was auf eine Erniedrigung der Benzollöslichkeit der Harze, nicht der Wachse hinweist. Daraus muß wiederum der Schluß gezogen werden, daß hauptsächlich Harze oxydiert werden, nur zu einem geringen Teil auch Wachse.

In einer neuen Versuchsreihe wurden unter verschiedenen Bedingungen getrocknete Torfproben mit Äther oder mit Benzol ausgezogen. In den erhaltenen Extrakten wurden Säurezahl, Verseifungszahl und Jodzahl ermittelt. Die Verseifungszahlen dienten dazu, festzustellen, ob beim Trocknen des Torfes nur Hydrolyse stattfindet oder ob gleichzeitig auch Oxydationsprozesse eintreten.

Bei dieser Versuchsreihe benutzten wir ausschließlich mit Eisenhydroxyd koaguliertem Hydrotorf, da dieser Torf leicht mittels Filtration durch Leinwand auf einen Wassergehalt von 88 Proz. und durch darauffolgendes Abpressen auf einer Laboratoriumspresse auf einen

Feuchtigkeitsgehalt von 65 Proz. gebracht werden kann; hierdurch wird das Trocknen beschleunigt und die Arbeit sehr erleichtert.

Die Hälfte des abgepreßten Torfes wurde an der Luft bei gewöhnlicher Temperatur bis zu einem Feuchtigkeitsgehalt von 26—30 Proz. getrocknet und dann in kleinen Mengen bei erhöhter Temperatur in Luft oder Kohlendioxyd nachgetrocknet. Die andere Hälfte wurde nach dem Abpressen portionsweise in ein Rohr gebracht und sogleich bei erhöhter Temperatur in Luft oder Kohlendioxyd getrocknet.

Beim Trocknen des feuchten koagulierten Torfes in Luft bei 140 bis 150⁰ wurde eine charakteristische Erscheinung beobachtet: sobald eine bestimmte Menge Wasser abdestilliert war und die Temperatur im Innern des Rohres auf 145⁰ stieg, begann eine Zersetzung der Bitumina, wobei die Zersetzungsprodukte mit dem Wasserdampf übergingen und sich in der Vorlage als weiße paraffinähnliche Schuppen abschieden. Beim Trocknen einer vorher an der Luft bei gewöhnlicher Temperatur bis zu einem Feuchtigkeitsgehalt von 25—30 Proz. entwässerten Torfprobe konnte unter sonst gleichen Bedingungen diese Erscheinung nicht wahrgenommen werden.

Für diese Versuchsreihe wurden folgende Proben koagulierten Torfes hergestellt:

Nr. 1. Lufttrockener Torf, nachgetrocknet bei 100—105⁰ in Kohlensäure.

Nr. 2. Lufttrockener Torf, nachgetrocknet bei 140—150⁰ in Kohlensäure.

Nr. 3. Abgepreßter Torf, getrocknet bei 100—105⁰ in Kohlensäure.

Nr. 4. Abgepreßter Torf, getrocknet bei 140—150⁰ in Kohlensäure.

Nr. 5. Lufttrockener Torf, nachgetrocknet bei 100—105⁰ in Luft.

Nr. 6. Lufttrockener Torf, nachgetrocknet bei 140—150⁰ in Luft.

Nr. 8. Abgepreßter Torf, getrocknet bei 140—150⁰ in Luft.

Von den Proben Nr. 1, 2, 3, 6 und 8 wurden Äther- und Benzolauszüge hergestellt, von den übrigen nur Ätherauszüge. Die erhaltenen Extrakte wurden ebenso wie in der ersten Versuchsreihe behandelt, die Verseifungszahlen und Säurezahlen in Parallelversuchen bestimmt. Die erhaltenen Mittelwerte sind in Tabelle LXIV angeführt.

Tabelle LXIV.

Nummer der Torfproben	Trocknungstemperatur ⁰ C	Torfart	Angewandtes Lösungsmittel	Bitumenausbeute Proz.	Säurezahl	Verseifungszahl	Jodzahl	Torfprobe getrocknet in
1	100—105	lufttrocken	Äther	4,4	31,8	126	17,8	CO_2
1	100—105	,,	Benzol	3,3	25,8	104,5	23,2	,,
2	140—150	,,	Äther	3,3	29,9	125	25,0	,,
2	140—150	,,	Benzol	2,7	14,8	111	25,4	,,
3	100—105	abgepreßt	Äther	3,9	23,2	130,8	27,9	,,
3	100—105	,,	Benzol	2,6	15,0	145,0	26,7	,,
4	140—150	,,	Äther	3,2	22,1	119,0	27,5	,,
5	100—105	lufttrocken	,,	3,98	34,3	163	18,8	Luft
6	140—150	,,	,,	3,63	45,8	157,7	12,8	,,
6	140—150	,,	Benzol	2,5	38,8	179,0	18,8	,,
8	140—150	abgepreßt	Äther	2,0	71,0	181,0	25	,,
8	140—150	,,	Benzol	1,6	54,0	133,0	23	,,

Die Werte der Tabelle LXIV zeigen, daß die Ausbeuten an extrahierten Bitumina in derselben Weise von den Trocknungsbedingungen abhängen, wie bei der ersten Versuchsreihe. Bei der Extraktion mit Benzol erhält man geringere Ausbeuten an Bitumina als bei der Extraktion mit Äther. Die Säurezahlen ändern sich wenig beim Trocknen des Torfes in Kohlensäure. Aber auch hier ist ein Unterschied zwischen den vorher an der Luft bis zu einem Feuchtigkeitsgehalt von 25 bis 30 Proz. getrockneten und dann in Kohlensäure nachgetrockneten Torfproben und denjenigen Torfproben bemerkbar, die abgepreßt und in Kohlensäure nachgetrocknet wurden. Die Säurezahl der Bitumina aus den erstgenannten Torfproben ist etwas größer als diejenige der Bitumina aus den letztgenannten. Somit werden die Torfbitumina schon beim Trocknen an der Luft bei gewöhnlicher Temperatur oxydiert.

Beim Trocknen des Torfes an der Luft bei erhöhter Temperatur geht eine weitere Oxydation vor sich, was sich in einer Erhöhung der Säurezahlen der extrahierbaren Bitumina äußert. Beim Trocknen des feuchten abgepreßten Torfes in Luft bei erhöhter Temperatur treten nicht nur Oxydationsprozesse, sondern auch hydrolytische Spaltungen der im Torf enthaltenen Ester auf, da die Säurezahlen der Bitumina aus diesem Torf einen starken Aufstieg zeigen (Nr. 8). Hiermit stimmt auch die Veränderung der Verseifungszahlen beim ätherischen Auszug überein.

Die Benzolextrakte zeigen im allgemeinen eine geringere Azidität als die ätherischen Extrakte.

Die Jodzahlen für die Bitumina der in Kohlensäure getrockneten Torfproben verändern sich sehr wenig. Für die Bitumina der in Luft getrockneten Torfproben wurden niedrigere Jodzahlen erhalten als bei den ersten. Somit sprechen auch diese Daten dafür, daß beim Trocknen des Torfes in Luft eine Oxydation der Bitumina stattfindet.

Wenn die angeführten Ergebnisse es zur Gewißheit machten, daß beim Trocknen des Torfes in Luft sowohl Oxydation als Hydrolyse der Bitumina stattfinden, so blieb es noch unklar, ob beim Erhitzen des Torfes die Bitumina einer Polymerisation unterliegen. Diese Frage wurde durch weitere Untersuchungen[1] beantwortet, welche zeigten, daß schon bei relativ geringer Temperaturerhöhung die Torfbitumina eine ausgesprochene Fähigkeit zur Polymerisation zeigen. Die dabei erhaltenen Polymerisationsprodukte lösen sich nur unvollständig in Chloroform und sogar auch in Schwefelkohlenstoff.

Zur genaueren Untersuchung dieser Polymerisationserscheinungen wurden die aus dem Torf extrahierten Bitumina im Einschmelzrohr in Kohlensäure eine bestimmte Zeit erhitzt und dann im Soxhlet nach und nach mit Benzin, Chloroform und Schwefelkohlenstoff ausgezogen. Die Ergebnisse dieser Versuche sind in Tabelle LXV zusammengestellt.

Tabelle LXV.

Botanische Charakteristik des Torfes	Zeit der Erwärmung Std.	Ölbadtemperatur ⁰C	Schmpkt. des Polymerisats ⁰C	Extrahiert in Proz.			Unlöslicher Rückstand Proz.
				mit Benzin	mit Chloroform	mit Schwefelkohlenstoff	
Sphagnum	12	140	über 100	40,5	47,7	0,0	11,9
,,	12	180	über 140	43,4	25,8	0,5	29,0
Carex	12	140	über 100	39,3	59,4	0,0	1,4
,,	12	180	über 140	43,5	27,2	0,37	27,7

Aus Tabelle LXV ergibt sich, daß schon bei relativ kurzem Erwärmen (12 Stunden) auf 180⁰ bis zu 30 Proz. der Bitumina in eine in den gewöhnlichen Lösungsmitteln unlösliche Substanz übergehen. Bemerkenswert ist, daß der mit Benzin extrahierbare Anteil praktisch keine Polymerisation zeigt und seine Löslichkeit in Benzin beibehält. Wir schließen daraus, daß beim Erwärmen die Harze der Bitumina

---

[1] G. Stadnikoff u. N. Titow, Brennstoff-Chemie **9**, 357 (1928).

polymerisiert werden und nicht die Wachse, welche im allgemeinen eine höhere Beständigkeit aufweisen und sich sogar während ganzer geologischer Zeitalter wenig ändern, was aus den Eigenschaften der Wachse aus Braunkohlen hervorgeht. Die Fähigkeit der Torfbitumina zur Polymerisation läßt uns ferner vermuten, daß aus den in den Torf- und Kohlenbildnern enthaltenen Harzen bei der Zersetzung der Pflanzenreste unter Luftabschluß (Bildung der Torfmoore und Kohlenlager) nicht nur Kohlenwasserstoffe entstehen, wie gewöhnlich angenommen wird, sondern auch in Schwefelkohlenstoff unlösliche und schwer schmelzbare Polymere. Beim Erhitzen solcher Polymere im Tiegel unter Luftabschluß (Probe auf Verkokung) wird hauptsächlich Verkohlung stattfinden, ohne Bildung größerer Mengen flüchtiger Substanzen. Dieser Schluß erklärt die Umwandlung magerer Steinkohlen in Anthrazit ohne Einwirkung hoher Temperatur und gestattet einen tieferen Einblick in diejenigen Änderungen, welche die Harze in den Kohlen während geologischer Zeitalter erleiden.

Die festgestellten Veränderungen der Bitumina beim Erhitzen beleuchten auch diejenigen Prozesse, denen die Bitumina des Torfes und natürlich auch der Braunkohle bei der trockenen Destillation unterliegen.

Es ist vollständig klar, daß bei diesem Prozesse ein Teil der Bitumina zersetzt wird unter Bildung flüchtiger Stoffe, welche Bestandteile des Urteers und des Gases darstellen, während der andere Teil über das Zwischenstadium von Polymeren in die kohlenartige Masse übergeht.

Die Rolle der Torfbitumina bei der Bildung des Urteers wurde eingehender untersucht in einer Reihe von Versuchen[1]), in welchen folgende Proben der trockenen Destillation unterworfen wurden: 1. Natürlicher Torf im lufttrockenen Zustande. 2. Derselbe Torf nach vorangehender Extraktion der Bitumina mit einem Benzol-Alkohol-Gemisch. 3. Das aus Probe 2 im Soxhlet extrahierte Torfbitumen. Die Ergebnisse dieser Versuche sind in der Tabelle LXVI zusammengestellt.

Aus den Werten der Tabelle LXVI ist ersichtlich, daß 50—60 Proz. der im Torfe enthaltenen Bitumina bei der Destillation in Urteer umgewandelt werden und nur 13—18 Proz. in Halbkoks. Etwa 30 Proz. der Bitumina werden zur Bildung von Gas und Zersetzungswasser verbraucht.

---

¹) G. Stadnikoff u. N. Titow, loc. cit.

Tabelle LXVI.

Torfmoor	Tiefe der Lage-rung m	Botanische Charak-teristik	Feuch-tig-keits-gehalt des Torfes Proz-	Gehalt an Bitu-mina Proz.	Ausbeute in Proz. bezogen auf absolut trockene Sub-stanzen			
					Zer-set-zungs-wasser	Teer	Halb-koks	Gas
Morosowskoje	1,0	Sphag-num und Erio-phorum vagi-natum	13,85	18,0	22,20	18,20	40,90	18,7
,,	1,0		12,44	0,0	24,54	10,97	43,62	21,87
,,	1,0		0,0	100,0	16,1	51,3	18,3	14,3
Elaginskoje	1,25		14,28	17,9	20,7	18,6	42,4	18,3
,,	1,25		14,30	0,0	23,1	10,6	46,0	20,3
,,	1,25		0,0	100,0	13,0	59,4	13,8	13,8
,,	2,0		12,0	19,6	17,5	18,9	46,6	17,0
,,	2,0		13,8	0,0	19,3	9,2	51,1	20,4
,,	2,0		0,0	100,0	12,3	62,0	13,4	12,3

Berechnet man auf Grund der Tabelle LXVI die Ausbeuten an Schwelprodukten, so zeigt sich, daß die Summen der Teer-, Halbkoks- und Gasausbeuten aus Bitumen und entbituminiertem Torf befriedigend übereinstimmen mit den entsprechenden Ausbeuten, die direkt durch trockene Destillation des natürlichen Torfes erhalten werden und in der Tabelle LXVI angeführt sind. Die Ergebnisse solcher Umrechnung sind in Tabelle LXVII zusammengestellt.

Tabelle LXVII.

Torfmoor	Man erhält aus Proz.		Proz. an absolut trockenen Substanzen			
			Zer-setzungs-wasser	Teer	Halbkoks	Gas
Morosowskoje Tiefe 1 m	18	Bitumen	2,9	9,2	3,4	2,5
	82	entbitum. Torf	20,0	8,9	35,8	18,0
	100	Torf	22,9	18,1	39,2	20,5
Elaginskoje Tiefe 1,25 m	17,9	Bitumen	2,3	10,7	2,4	2,4
	82,1	entbitum Torf	19,0	8,2	37,7	16,7
	100	Torf	21,3	18,9	40,1	19,1
Elaginskoje Tiefe 2,0 m	19,6	Bitumen	2,2	11,1	2,4	2,2
	80,4	entbitum. Torf	15,5	7,3	41,2	16,5
	100	Torf	17,7	18,4	43,6	18,7

Die Werte der Tabelle LXVII führen zum Schluß, daß die Torfbitumina bei der trockenen Destillation ein gleiches Verhalten zeigen, unabhängig davon, ob sie in der Torfmasse enthalten sind oder im freien Zustand destilliert werden. Dasselbe gilt mutatis mutandis für die entbituminierte organische Substanz des Torfes.

Bei allen ausgeführten Rechnungen und Überlegungen handelt es sich nur um das mit Alkohol-Benzol-Gemisch im Soxhlet extrahierbare Bitumen „A"; das unter Druck extrahierbare Bitumen „B" wurde nicht in Betracht gezogen, da dessen Existenz zweifelhaft ist. Es ist bekannt, daß Torfmasse unbeständig ist und daß schon bei geringer Temperaturerhöhung (etwa 150°) ein Zersetzungsprozeß beginnt unter Abscheidung von Wasser und Gas. Weitere Temperaturerhöhung begünstigt die Zersetzung, welche bei etwa 250° von Urteerbildung begleitet wird. Dieser Umstand zwingt zur Annahme, daß das Bitumen „B" wenigstens zu einem gewissen Teil aus Zersetzungsprodukten des Torfes besteht. Dieses Bitumen kann auch teilweise aus Depolymerisationsprodukten jener Stoffe bestehen, welche durch Umsetzung der Harze im Laufe von geologischen Zeitaltern entstanden sind. Auf die mögliche Anwesenheit solcher Polymerisationsprodukte in den Torfarten weisen die Untersuchungen von W. Schneider und A. Schellenberg[1]) hin. Engler[2]) nahm die Existenz von Polymerisationsprodukten in den bituminösen Schiefern an und W. Schneider und G. Tropsch[3]) ebenso für Braunkohle. Auch die oben beschriebenen Versuche zur Polymerisation von Torfbitumen lassen die Annahme wahrscheinlich erscheinen, daß in die Zusammensetzung der Torfmasse polymerisierte in Benzol unlösliche Harze eingehen können, die bei 250° zum Teil depolymerisiert und in Stoffe umgewandelt werden, welche in Benzol löslich sind. Man könnte aber meinen, daß bei Bildung des Bitumens „B" auch andere Stoffe eine Rolle spielen. Die Untersuchung der sibirischen Bogheadkohlen, welche typische Sapropelite darstellen, läßt schließen[4]), daß diese Stoffe aus einem Gemisch von Polymerisationsprodukten ungesättigter Säuren bestehen, welche Bestandteile der Fette von Planktonorganismen waren, aus denen der Sapropelit entstand. Neben diesen Polymerisationsprodukten gehen in die Zusammensetzung der Bogheadkohlen auch Säureanhydride und Salze ein. Da in den tieferen Schichten zahlreicher Torfmoore typische Sapropelite angetroffen werden und

---

[1]) Abh. Kohle **5**, 389.

[2]) Chem.-Ztg. (1912), 82; Engler-Höfer, Das Erdöl **1**, 30.

[3]) Abh. Kohle **2**, 58 (1918).

[4]) G. Stadnikoff u. Proskurnina, Brennstoffchemie **9**, 358 (1928).

einige Torfarten gemischte Gebilde darstellen, so wäre es natürlich anzunehmen, daß in die Zusammensetzung des Torfes auch solche Säuren eingehen, bei denen der Polymerisationsprozeß noch nicht bis zum Verlust der Löslichkeit in organischen Lösungsmitteln fortgeschritten ist. Diese Säuren treten im Torf teilweise in Form von Salzen, die unlöslich in Benzol sind, und teilweise im freien Zustand auf. Solche Annahme fand ihre Bestätigung in der Tatsache, daß im Torfteer gesättigte und ungesättigte Fettsäuren existieren.[1]) Diese Säuren konnten nicht während der Destillation entstanden, sondern mußten im Torf schon vorher enthalten sein. Es ist selbstverständlich, daß die freien Säuren durch organische Lösungsmittel extrahiert werden und als Bestandteile des Bitumens „A" auftreten, während ihre Salze nicht extrahiert werden.

Beim Erhitzen des im Soxhlet extrahierten Torfes mit Benzol auf 250⁰ werden die Salze der organischen Säuren teilweise zersetzt und gehen in benzollösliche Stoffe über. Daraus folgt, daß diese Säuren im Soxhlet extrahiert werden können, falls der Torf vorher mit Salzsäure behandelt, gewaschen und getrocknet wird. Folgende Versuche zeigen, daß nach solcher Bearbeitung der Torf höhere Ausbeuten an Bitumina liefert als natürlicher Torf.

I. A. Sphagnumtorf von der Elektroperedatscha lieferte 18,8 Proz. Bitumen;

  B. Derselbe Torf nach Behandlung mit 10prozentiger Salzsäure ergab 26,8 Proz. Bitumen.

II. A. Sphagnumtorf Redkino lieferte 18,2 Proz. Bitumen;

  B. Extrahierter Torf nach Behandlung mit 10prozentiger Salzsäure und nochmaliger Extraktion im Soxhlet mit Alkohol-Benzol ergab 5,5 Proz. Bitumen.

Die bei Extraktion der Torfbitumina erhaltenen Werte können kurz wie folgt zusammengefaßt werden: das Alkohol-Benzol-Gemisch extrahiert aus dem Torf viel mehr Bitumen als irgendein anderes Lösungsmittel. Außer diesen Bitumina gehen in die Zusammensetzung der Torfmasse Salze organischer Säuren über, welche bei der Extraktion mit Benzol im Autoklaven zersetzt werden und die Bestandteile des Bitumens „B" liefern. Bei Behandlung des Torfes mit 10prozentiger Salz-

---

[1]) Höring, Moornutzung und Torfverwertung (1915), 354; G. Stadnikoff u. W. Sabawin, Brennstoffchemie **10**, 1 (1929).

säure dagegen werden aus diesen Salzen die Säuren in Freiheit gesetzt, welche mit Alkohol-Benzol extrahierbar sind.

Bitumina des Torfes sowie auch von anderen mineralischen festen Brennstoffen entstehen aus Wachsen, Fetten und Harzen derjenigen Pflanzen, die als Torfbildner auftreten, sowie auch aus Fetten und Wachsen von Planktonorganismen, falls der Torf gemischter Herkunft ist. Mit Ausnahme von Lignin, Wachsen, Harzen und Fetten erleiden im Torfmoor alle in den abgestorbenen Organismen enthaltenen Stoffe einen Zersetzungsprozeß, der zur Bildung von Gasen und leichtlöslichen Substanzen führt, die daher durch Wasser fortgewaschen werden. Lignin geht dabei ohne merkliche Verluste in Huminsäuren über, aus den Fetten entstehen durch Hydrolyse Säuren, während die Wachse und Harze lange Zeit unverändert bleiben. Es ist daher verständlich, daß mit dem Fortschreiten des Zersetzungsprozesses der pflanzlichen Substanz der Prozentgehalt an Wachsen, Harzen und Fettsäuren, welch letztere teilweise in Salze übergehen, beständig wachsen wird, solange die Zerlegung der unbeständigen organischen Verbindungen unter dem Einfluß dieser oder jener Faktoren fortdauert. Tatsächlich wächst in den Torfmooren der Prozentgehalt an Bitumen mit der Tiefe der Lagerung des Torfes.

Dieser Verlauf der Änderungen, welche die Muttersubstanz des Torfes erleidet, bedingt, daß schon bei relativ geringen Gehalten an Wachsen, Harzen und Fetten in den torfbildenden Pflanzen der Prozentgehalt an Bitumina im Torf recht beträchtlich werden kann.

Was den Gehalt der Pflanzen an durch organische Lösungsmittel extrahierbaren Stoffen betrifft, so verfügen wir über die oben angeführten Daten von S. Stefansen und W. Söderbaum, sowie auch von S. A. Wachsmann und K. R. Stewens. Bei der Beurteilung der Befunde derselben muß man im Auge behalten, daß der von ihnen benutzte Äther noch lange nicht alle Stoffe extrahiert, welche als Ausgangsmaterial zur Bildung der Bitumina dienen könnten, während das Chlorophyll der Pflanzen zugleich ausgezogen wird.

Franz Fischer und M. Kleinstück[1] haben gezeigt, daß manche Pflanzen bei der Extraktion mit Benzol im Autoklaven Ausbeuten an Extrakt liefern, welche um das Vielfache diejenigen Mengen übersteigen, die man bei Verwendung desselben Lösungsmittels im Soxhlet erhält. Tabelle LXVIII enthält einen Teil der von den genannten Untersuchern erhaltenen Ergebnisse.

---

[1] Abh. Kohle **3**, 308; hier auch die betreffende Literatur.

Tabelle LXVIII.

	Im Soxhlet	Unter Druck
Schachtelhalm	2,21	12,61
Farnstengel, frisch	0,58	13,90
Farnstengel nach einem Jahr	0,56	6,08
Farnblätter, frisch	4,52	18,18
Farnblätter nach einem Jahr	1,74	13,22

Es soll nicht außer acht gelassen werden, daß in einer und derselben Pflanzenart der Gehalt an Wachsen, Harzen und Fetten schwanken wird je nach Jahreszeit, Klima, Erdboden usw.

Für zwei typische russische Torfbildner wurden im Laboratorium „Hydrotorf" bei der Extraktion im Soxhlet folgende Werte erhalten: Sphagnum parvifolium 9,5 Proz. und Eriophorum vaginatum 7,5 Proz.

Beide Extrakte enthielten auch Chlorophyll.

Kapitel V.

Die Huminsäuren.

In jedem Torf kann das Auge sehr wohl die noch nicht zersetzten Formenelemente der Pflanzen (figurierte Teilchen) und die strukturlose braungefärbte Masse voneinander unterscheiden. Eine unbedeutende Vergrößerung ermöglicht uns festzustellen, daß die Formenelemente des Torfes aus Blättchen, kleinen Zweigen und anderen Pflanzenteilen bestehen, die ihr ursprüngliches Äußere bewahrt haben oder aber vom Zersetzungsprozeß nur schwach erfaßt sind. Die strukturlose braungefärbte Masse ist stark bewässert und von hoher Plastizität.

Ganz allgemein gesprochen wächst die Menge dieser strukturlosen Masse im Torf mit zunehmender Lagertiefe, d. h. mit zunehmendem Alter des Torfes.

Diese braune Masse ist in ihrer überwiegenden Menge in Wasser unlöslich; teilweise jedoch löst sie sich und verleiht dem Wasser, das aus dem Torfmoor abfließt oder aus dem Torf abgepreßt wird, jene bräunlichgelbe Färbung.

Alle diese braunen Substanzen, die wasserlöslichen wie unlöslichen, bezeichnet man als Huminstoffe. Die Anwesenheit wasserlöslicher wie unlöslicher Verbindungen unter den Huminstoffen veranlaßt dazu, diese Stoffe für ein zusammengesetztes Konglomerat verschiedener chemischer Individuen zu halten.

Zahlreiche Versuche, dieses Konglomerat in seine Bestandteile zu zerlegen und aus ihm bestimmte Verbindungen auszuscheiden, blieben erfolglos. Die Ursache dieses Mißerfolges ist von J. M. van Bemmelen[1]) aufgedeckt worden. „Die Humussubstanzen, sowohl die aus Pflanzenüberresten in der Natur gebildeten, als auch solche, die durch Einwirkung von Säuren oder Basen auf Kohlenhydrate dargestellt sind,

---

[1]) J. M. van Bemmelen, Die Absorption (Dresden 1910), 117.

besitzen keine einfache Zusammensetzung. Alle Anstrengungen, welche man gemacht hat, um sie durch Lösungsmittel, Wasser, Alkohol, Säuren, Alkalien — durch Abscheiden aus ihren Lösungen mittels einer Säure oder mittels Metallsalzen (als Kupferverbindungen, Bleiverbindungen usw.) — in chemische Individuen zu trennen, sind resultatlos geblieben. Geinsäure, Krensäure, Apokrensäure, Ulmussäure, Humussäure, Ulmin und Humin sind keine einheitlichen Substanzen und die dafür gegebenen Formeln haben keinen Wert. Dieselben sind amorph und kolloider Natur, aus kolloiden Substanzen durch chemische Umsetzungen, Spaltungen, Wasserabspaltungen und Oxydationen entstanden und haben außerdem molekulare Modifikationen erlitten."

Die Zerlegung einer Mischung solcher Substanzen bietet große Schwierigkeiten und ist in den meisten Fällen undurchführbar. Ebenso schwer läßt sich eine Definition und systematische Einordnung dieser Substanzen bewirken.

Sven Odén, der im hohen Maße zur Ergründung des Wesens der Huminsäuren beigetragen hat, gibt für sie folgende Definition[1]): „Humusstoffe sind jene gelbbraun bis dunkelschwarzbraun gefärbten Substanzen unbekannter Konstitution, welche durch Zersetzung der organischen Substanz entweder in der Natur durch den Einfluß der Atmosphärilien oder im Laboratorium durch chemische Einwirkung (vornehmlich von Säuren oder Laugen) gebildet werden. Sie zeigen eine ausgesprochene Affinität zum Wasser und, wenn nicht im Wasser löslich oder dispergierbar, wenigstens deutliche Quellung. Dieses aufgenommene Wasser wird nur unter stark vermindertem Druck wieder abgegeben."

Da es jetzt außer Zweifel steht, daß die braunen Substanzen, die man im Laboratorium aus Kohlenhydraten erhielt, mit den natürlichen Huminsäuren nicht identisch sind, und die Identität derjenigen braunen Substanzen, die Eller bei der Oxydation der Polyphenole erhielt, nicht bewiesen ist, so wird es richtiger sein, die von Sven Odén empfohlene Definition nur auf die natürlichen Huminsäuren zu beziehen und in folgende Formel zu bringen: Huminstoffe stellen amorphe hell- bis dunkelbraun gefärbte Bildungen mit einer ungeklärten Struktur dar, welche in der Natur bei der Zersetzung des Pflanzenmaterials entstehen, in Benzol[2]) unlöslich sind und eine deutlich ausgeprägte Verwandtschaft mit dem Wasser, in welchem sie sich lösen oder mindestens stark aufquellen, zu erkennen geben.

---

[1]) Kolloidchem. Beih. **11**, 103.
[2]) Siehe Definition von E. Erdmann u. M. Dolch.

Solche Huminsäuren, die „Wasserstoffionen abzuspalten vermögen und mit starken Basen unter Wasserbildung typische Salze geben", empfiehlt Sven Odén Huminsäuren[1]) zu nennen.

Huminsäuren, die sich in Wasser lösen, indem sie echte Lösungen bilden, die auf einen Indikator sauer reagieren und gelb bis bräunlichgelb gefärbt sind und in der Natur in geringen Mengen vorkommen, empfiehlt Sven Odén Fulvosäuren zu nennen.

Huminsäuren, nicht in Wasser löslich, sondern nur dispergierbar, die nicht auf Lackmuspapier reagieren, sich jedoch in wässeriger Ammoniaklösung, Ätzalkalien und Alkalikarbonaten lösen, einesteils in Alkohol löslich, andernteils unlöslich sind, empfiehlt Sven Odén, nach Hoppe-Seiler, als Hymatomelansäure bzw. als Humussäure zu benennen.

Huminstoffe, welche in Ätzalkalien unlöslich sind und folglich keine Säureeigenschaften aufweisen, empfiehlt Sven Odén Humuskohle oder Humin zu nennen und somit den Ausdruck von Sprengel und Berzelius beizubehalten.

Alle diese Definitionen und Bezeichnungen werden im weiteren verwendet.

Humussäure bildet die Hauptmasse der Huminsäuren des Torfes. Diese Säure läßt sich aus Torfen durch verschiedene Verfahren ausscheiden, wobei jedes von ihnen ein Präparat abgibt, das sich mehr oder weniger wesentlich von anderen Präparaten unterscheidet. Diese Unterschiede sind hauptsächlich durch die jeweiligen Beimischungen bedingt. Sven Odén[2]) empfiehlt folgendes Zubereitungsverfahren für Humussäure aus Torf: Der Torf wird mit Salzsäure 1 v. H. behandelt, filtriert und mit einer ebensolchen Säure auf dem Filter bis zur negativen Reaktion auf Kalzium im Filtrat gewaschen. Dann wäscht man den Torf mit Wasser und kocht ihn darauf eine halbe Stunde mit Wasser, um Humusstoffe zu koagulieren und ihnen die Dispersionsfähigkeit in Wasser zu nehmen. Auf solche Weise vorbereiteter Torf wird mit 4 n-Ammoniakwasserlösung extrahiert, wenn man ein von Kieselsäure freies Präparat erhalten will, oder aber mit Ätznatron, wenn man ein Präparat haben will, das möglichst wenig Stickstoff enthält. Bei solcher Behandlung gehen in die Lösung zusammen mit dem Humat auch einige andere kolloide Substanzen über, unter denen sich Harze, Eiweißstoffe, Hymatomelansäure und einige organische Säuren befinden.

---

[1]) Kolloidchem. Beih. **11**, 105.
[2]) Kolloidchem. Beih. **11**, 128 (1919).

Durch Zentrifugieren trennt man die faserige Torfmasse von der Humatlösung und extrahiert von neuem mit wässeriger Alkalilösung oder Ammoniak, indem man diese Operation 15—20mal wiederholt. Zu den gesammelten Humatlösungen setzt man so viel Kochsalz hinzu, daß der Salzgehalt der Mischung auf 2 n gebracht wird, und läßt sie sieben Tage stehen. Die dem Humat beigemengten kolloiden Substanzen setzen sich aus der Lösung ab und sammeln sich am Boden des Gefäßes an. Zur vollständigen Entfernung der gefällten Kolloide wird die Lösung zentrifugiert und zur Abscheidung der Humussäure, welche zusammen mit der Hymatomelansäure erfolgt, mit Salzsäure behandelt. Beide Säuren werden in der Zentrifuge getrennt und zur Entfernung der Hymatomelansäure mit Alkohol gewaschen.

Die erhaltene Humussäure wird in wässerigem Alkali gelöst und die Lösung zur Entfernung der letzten suspendierten Kolloidteilchen durch Chamberlainsche Kerzen filtriert. Aus der filtrierten Lösung scheidet man die Humussäure mit Salzsäure aus. Das hierbei erhaltene Präparat kann verschiedene Beimischungen enthalten: organische Säuren der Fettreihe, Schleimsäure, Harzsäuren u. a.

Da es sehr schwerfällt, jedes Kolloid von Beimischungen zu befreien, so muß man es von vornherein nach Möglichkeit rein zu gewinnen suchen; dasselbe gilt auch in vollem Maß für die Humussäure.

Um die Humussäure möglichst rein zu erhalten, muß man den Ausgangstorf bis zum lufttrockenen Zustand (15—20 Proz. Feuchtigkeit) entwässern, zermahlen und dann einer erschöpfenden Extraktion mit Benzolalkohol unterziehen. Den bitumenfreien Torf muß man zur Entfernung von Zuckerarten, organischen Säuren, Pektin- und Eiweißstoffen und deren Zersetzungsprodukten wiederholt mit großen Mengen siedenden Wassers extrahieren. Nach einer solchen Behandlung enthält der Torf Huminsäuren, deren Salze und ein faseriges Material, das aus Lignin und Zellulose besteht. Mit Ätznatronlösung von 1 v. H. zieht man wiederholt die Huminsäuren erst bei Zimmertemperatur und zum Schluß unter Erwärmung auf dem Wasserbad aus. Die filtrierte Humatlösung zerlegt man mit Salzsäure und wäscht die gefällten Huminsäuren erst durch Dekantieren und dann durch Zentrifugieren aus.

Die gewaschenen Huminsäuren werden im Vakuumexsikkator bis 15—20 Proz. Feuchtigkeit entwässert und zur Entfernung der Hymatomelansäure einer erschöpfenden Extraktion mit Alkohol unterzogen.

124

Die von der Hymatomelansäure befreite Humussäure muß noch von den Beimischungen an Mineralsalzen gereinigt und aus Alkogel in Hydrogel[1]) übergeführt werden.

Da die ausgetrocknete Humussäure ihre Dispersionsfähigkeit in Wasser verloren hat, so kann sie leicht auch ohne Anwendung der Zentrifuge ausgewaschen werden. Das Waschen muß oft wiederholt werden, da Alkohol nur langsam aus den organischen Kolloiden entfernt werden kann.[2])

Die von Sven Odén dargestellte Humussäure enthielt 58,2 Proz. C und 4,27 Proz. H.

Andere Forscher geben für die von ihnen gewonnenen Präparate der Humussäuren eine andere Zusammensetzung.

Die in der Literatur angegebenen Zahlen für die elementare Zusammensetzung der Humussäuren schwanken in recht weiten Grenzen: 57,5—64,2 Proz. für Kohlenstoff und 4,3—5,4 Proz. für Wasserstoff.

Für die Huminsäuren aus der Rosenthalschen Braunkohle haben Tropsch und Schellenberg[3]) einen sehr niedrigen Wasserstoffgehalt gefunden; die organische Masse dieser Säuren enthielt 60,9 Proz. C und 3,3 Proz. H.

Solche Schwankungen in der Zusammensetzung der Humussäure lassen sich vor allem durch die quantitative und qualitative Verschiedenheit der in der Säure enthaltenen Beimischungen erklären. Eine solche Erklärung ist wohl verständlich und ruft keine Entgegnungen hervor, kann aber nicht für hinreichend gelten. Heute kann man mit vollem Recht behaupten, daß die Humussäuren in den Torfmooren sich aus verschiedenem Ausgangsmaterial bilden und daß daher auch ihre Zusammensetzung verschieden sein muß. Zur Bekräftigung kann man den Umstand erwähnen, daß die Humussäuren der Holztorfe sich aus Lignin mit einem Metoxylgehalt von 11—15 Proz., die Humussäuren der Sphagnumtorfe sich aber aus Lignin mit einem Metoxylgehalt von nur 1,4— 2,0 Proz. gebildet haben. Solch verschiedenes Ausgangsmaterial kann gewiß zur Bildung von Humussäuren führen, die ihrer chemischen Natur und ihren Funktionen nach ähnlich, in der Zusammensetzung aber verschieden sind.

---

[1]) Humussäure mit 15—20 Proz. Wassergehalt hat bei der Entfernung der Hymatomelansäure ihr Wasser an den Alkohol abgegeben, selbst aber eine gewisse Menge Alkohol adsorbiert; man sagt schlechtweg, daß Humussäure sich aus Hydrogel in Alkogel verwandelt hat. Alkogel kann man bei Behandlung mit einem großen Quantum Äther in Ätherogel verwandeln. Dieses Verhalten kann man an allen Kolloiden beobachten.

[2]) G. L. Stadnikoff, Journ. d. Russ. Chem. Ges. **46**, 301.

[3]) Abh. Kohle **6**, 195.

Strache und Lant[1]) meinen: „Vielleicht führen nähere Untersuchungen, so wie dies bei der Zellulose der Fall war, zu dem Ergebnis, daß die verschiedenen Huminsäuren im wesentlichen aus ein und demselben chemischen Individuum bestehen, das nur mehr oder weniger mit fremden Substanzen verunreinigt ist."

Wir haben einstweilen keine genügenden Belege für eine ablehnende Stellungnahme zum Standpunkt von Strache und Lant, aber noch weniger Grund, diesen Standpunkt für richtig zu halten. Die jetzt bewiesene Verschiedenheit in der Zusammensetzung der Lignine ein und derselben Pflanze (Lignine des Stammes und der Blätter der Buche) und der Lignine verschiedener torfbildender Pflanzen setzt das Vorhandensein von Humussäuren verschiedener Zusammensetzung voraus.

Außer Kohlen-, Wasser- und Sauerstoff enthalten Humussäuren noch Stickstoff in verschiedenen Mengen [manchmal 3,5 Proz.[2])]. Da Versuchen von Sven Odén[3]) zufolge durch die Reinigung der Humussäure der Stickstoffgehalt vermindert wird, so kann man annehmen, daß Stickstoff in die Beimischungen, nicht aber in die Humussäure als Bestandteil gehört. Sven Odén weist darauf hin, daß es ihm zwar nicht gelungen ist, den Stickstoffgehalt der Humussäure unter 0,7 Proz. herabzusetzen, diese Menge aber so gering ist, daß die Annahme der Zugehörigkeit des Stickstoffes zu den Beimischungen ihre Wahrscheinlichkeit nicht einbüßt.[4])

Demnach verfügen wir heute über Humussäure, die nicht als chemisch reine Verbindung gelten kann, wir haben auch kein Kriterium für eine Beurteilung der Reinheit der erhaltenen Präparate. Humussäure befindet sich in dieser Hinsicht in derselben Lage wie auch viele anderen Kolloide von komplizierter Zusammensetzung (Eiweißstoffe). Eine Einteilung der Kolloide nach ihrer Löslichkeit in jeweiligen Lösungsmitteln ergibt auch keine Individualverbindungen; daher ist eine Einteilung der Huminsäuren in alkohollösliche Hymatomelan- und alkoholunlösliche Humussäure rein bedingter Art und gibt keinen Anlaß, diese Säuren für Individualverbindungen zu halten.

Bei der Bewertung der bei der Untersuchung der Humussäure erhaltenen Ergebnisse, die aus Torf oder Braunkohle gewonnen wurde, muß auch immer berücksichtigt werden, daß diese Säure das Produkt einer teilweisen Oxydation der natürlichen Substanz durch den Luft-

---

[1]) Kohlenchemie (1924), 206.
[2]) G. Stadnikoff u. P. Korscheff, Koll.-Zeitschr. **47**, 136 (1929).
[3]) Kolloidchem. Beih. **11**, 175.
[4]) Vgl. Bottomley, Biochemical Journ. **9**, 260 (1915) und E. Erdmann u. M. Dolch, Die Chemie der Braunkohle (1927), 32.

sauerstoff darstellt. Huminsäuren verändern sich leicht bei Luftzutritt, was am Übergang der hellbraunen Färbung in dunkelbraune zu erkennen ist. Dieser Prozeß spielt sich recht rasch ab und kann an einem frischen Querschnitt des Sphagnummoores beobachtet werden. Ganz mit Recht schlagen deswegen Franz Fischer und H. Schrader[1]) vor, die natürlichen Huminsäuren Protohuminsäuren, zum Unterschied von ihren Oxydationsprodukten, unseren Huminsäuren, zu nennen.

Strache[2]) empfiehlt, zur Erzielung gleicher Humussäuren die Wasserlösungen der alkalischen Humate mit Sauerstoff zu sättigen und dadurch die Oxydationsprozesse bis zu einer gewissen Grenze zu bringen. Bei einem solchen Arbeitsverfahren bleibt es jedoch ungeklärt, ob eine Oxydationsgrenze eintritt oder dieser Oxydationsprozeß wenigstens zu einer teilweisen Zerstörung des Moleküls der Humussäure führt.[3]) Letzterenfalls würde es wieder schwerfallen, ein homogenes Produkt zu erzielen.

Humussäure bildet nach Sven Odén mit Ätzalkalien und Ammoniak Salze von bestimmter Zusammensetzung, deren Wasserlösungen molekulardisperse Systeme darstellen.

Wo. Ostwald und W. Rödiger[4]) haben jedoch festgestellt, daß dem Bildungsprozeß echter Lösungen alkalischer Salze der Humussäure ein Peptisationsprozeß vorangeht und bei einer gewissen Korrelation der Humussäure und der wässerigen Alkalilösung (unter 0,025 n) statt echter Lösung ein polydisperses System erhalten wird, welches das Humat und die Sole der Humussäure enthält. Es ist nun ganz klar, daß auch bei konzentrierteren Alkalilösungen dieses Stadium der Bildung eines polydispersen Systems eintreten kann, welches mit der Zeit selbstverständlich in einen molekulardispersen Zustand übergeht. Dieser Übergang wird sich um so langsamer abwickeln, je stärker die Humussäure ausgetrocknet war; und umgekehrt wird das Stadium des polydispersen Systems für eine feuchte, stark aufgequollene Säure sehr kurzläufig sein und bald durch die echte Lösung des alkalischen Humats verdrängt werden. Der Durchgang durch das Stadium des polydispersen Systems wird von einer Veränderung der Lösung in der Färbung ohne Anzeichen von Zersetzungsprozessen der Humussäure begleitet werden.

Dieser Umstand nötigt bei allen kolorimetrischen Bestimmungen zur Herstellung von Standardlösungen[5]) wasserhaltige Huminsäuren zu

---

[1]) Brennstoff-Chemie **2**, 218 (1921).
[2]) Kohlenchemie (1924), 236.
[3]) E. Erdmann u. M. Dolch, Die Chemie der Braunkohle (1927), 33.
[4]) Wo. Ostwald u. W. Rödiger, Koll.-Zeitschr. **43**, 225 (1927).
[5]) G. Stadnikoff u. S. Mehl, Brennstoff-Chemie **6**, 317 (1925).

benutzen und nach Möglichkeit trockene Präparate zu vermeiden (Acidum huminicum Merk), deren alkalische Lösungen bis zum Übergang in einen molekulardispersen Zustand eine ganze Stadienreihe des polydispersen Systems durchlaufen und darum ihre Farbe[1]) verändern werden.

Von der Humussäure weiß man auch, daß sie unter Entwicklung von Kohlensäure Karbonate und nach den neuesten Untersuchungen von W. Fuchs[2]) auch Kalziumazetat unter Freimachen von Essigsäure zersetzt. Deswegen stößt auch der Hinweis von Höring[3]), daß Humussäure unter Freimachen von Kieselsäure Silikate zersetzt, auf kein Bedenken.

Aus der potenziometrischen Titrierung der Humussäuresuspension mit wässeriger Lösung von Ätzkali fand Sven Odén[4]) das Äquivalent für diese Säure gleich 345—330. Die Analyse des unlöslichen Kalziumsalzes ergab nach Sven Odén[5]) das Äquivalent 330 für Humussäure.

Außer den Humaten des Ammoniums und der Alkalienmetalle sind alle anderen Salze der Humussäure wasserunlöslich.

Die Untersuchungen von G. L. Stadnikoff[6]) und Kawamura[7]) haben erwiesen, daß in einigen Fällen der Adsorptionsprozeß ganz bestimmte Hinweise auf die Bildung unlöslicher Salze geben kann. Die Anwendung dieser Methode bei der Humussäure läßt schließen, daß diese Säure mit wässeriger Bariumhydroxydlösung unter Bildung von unlöslichen Salzen einer bestimmten Zusammensetzung reagiert. Auf Grund der Zahlenergebnisse wurde das Äquivalent für Humussäure auf 147 festgestellt[8]), d. h. halb so groß als bei Sven Odén. Diese Ungleichheit läßt sich wie folgt erklären:

Auf Grund der Untersuchungen im Institut von Franz Fischer, von denen später die Rede sein wird, muß die Humussäure Karboxyle und Phenolhydroxyle enthalten. Bei der potentiometrischen Titrierung stellte Sven Odén nur die Karboxylgruppen fest, indessen hatten sich bei der Adsorption des Bariumhydroxyds Salze nicht nur auf Kosten der Karboxylgruppen, sondern auch auf Kosten der Phenolhydroxyle gebildet, da die Phenolate des Bariums unlösliche, hydrolytisch schwer spaltbare Verbindungen darstellen.

---

[1]) Springer, Brennstoff-Chemie **8**, 17 (1927).
[2]) Brennstoff-Chemie 8, 337 (1927).
[3]) Moornutzung und Torfverwertung (1915), 261.
[4]) Kolloidchem. Beih. **11**, 161.
[5]) Kolloidchem. Beih. **11**, 163.
[6]) Koll.-Zeitschr. **31**, 19 (1922); **35**, 228 (1924).
[7]) Journ. of Physical Chem. **30**, 1364 (1926).
[8]) G. Stadnikoff u. P. Korscheff, Koll.-Zeitschr. **47**, 138 (1929).

Schon Sven Odén kam auf Grund seiner Untersuchungen zur Erkenntnis, daß das Molekül der Humussäure vier Karboxylgruppen enthält und schlug mit einem Vorbehalt vor, seine Struktur durch die Formel:

$$C_{60} H_{52} O_{24} (COOH)_4$$

mit dem Molekulargewicht 1350 auszudrücken.

W. Fuchs[1]) untersuchte die Humussäure aus Kasseler Braunkohle, indem er sie in die azetonlösliche sogenannte Nitrohuminsäure verwandelte. Aus dieser Säure stellte W. Fuchs durch Esterisation mit absolutem Methylalkohol bei Gegenwart von Chlorwasserstoff den Methylester her, der dann unter Einwirkung des Diazometans einer erschöpfenden Methylierung unterzogen wurde. Die Bestimmung des Gesamtgehaltes an Metoxylen nach Zeisel und der mit Lauge verseifbaren Ester-Metoxylgruppen, sowie die Eigenschaften der Nitrohuminsäure und die Nitrierungsergebnisse für die Humussäure bei Gegenwart von Harnstoff, haben W. Fuchs für das Methylierungsprodukt der Nitrohuminsäure zur Formel

$$C_{59} H_{35} O_{17} N [(COOCH_3)_4 (OCH_3)_3 (C:NOH) (CO)]$$

geführt.

Etwas früher wies die Untersuchung von W. Fuchs und H. Leopold[2]) auf das Vorkommen von 3—4 Phenolhydroxylen im Molekül der Humussäure hin.

Im vollen Einklang mit diesen Befunden von W. Fuchs steht auch das von G. L. Stadnikoff und P. P. Korscheff[3]) erhaltene Resultat der Absorption von Bariumhydroxyd durch die Humussäure. Daher kann man jetzt für die Humussäure die Formel

$$C_{59} H_{35} O_{17} N [(COOH)_4 (OH)_3 (CH = COH)]$$

anwenden, in welcher eines der Hydroxyde enoler und drei phenoler Art sind. Eine solche Säure kann Salze auf Kosten der Karboxyle wie auch Hydroxyle bilden. Natürlich werden die auf Kosten der Karboxyle gebildeten Salze der Erdalkali- und Schwermetalle nur in geringem Maße von einer hydrolytischen Spaltung bei Gegenwart von Wasser berührt und eine relativ hohe Festigkeit aufweisen; umgekehrt werden Salze, die sich auf Kosten der Hydroxylgruppen gebildet hatten, verhältnismäßig leicht einer hydrolytischen Dissoziation zugänglich sein. Daher wird die Humussäure unter der Wirkung einer wässerigen Lösung von Bariumhydroxyd oder Ätzkali Salze liefern, deren Zusammen-

---

[1]) Brennstoff-Chemie **9**, 178 (1928).
[2]) Brennstoff-Chemie **8**, 73 102 (1927).
[3]) Loc. cit.

setzung ceteris paribus von der Basenkonzentration in der Lösung abhängen wird. Bei einer gewissen Basenkonzentration hört aber die Hydrolyse auf und die Zusammensetzung des Salzes wird sich dann mit der Steigerung der Konzentration nicht mehr verändern.[1]) Ein solches

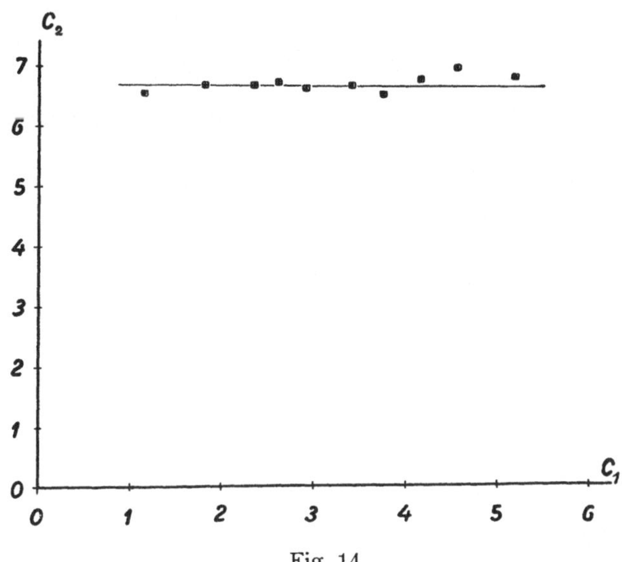

Fig. 14.

Verhalten der Humussäure zur wässerigen Lösung von Bariumhydroxyd wird tatsächlich beobachtet, wie dies aus Tabelle LXIX und Fig. 14 zu ersehen ist.

Tabelle LXIX.

Nummer der Versuche	Absolut trockene Humussäure in g	Anfangs-konzentration von Ba(OH)₂ in M-Äquivalenten	End-konzentration von Ba(OH)₂ in M-Äquivalenten	Ba(OH)₂-Gehalt in 1 g Säure in M-Äquivalenten
1	0,1496	2,00	1,11	6,55
2	0,1844	3,00	1,76	6,71
3	0,2444	4,00	2,35	6,71
4	0,3576	5,00	2,59	6,75
5	0,4664	6,00	2,89	6,66
6	0,5374	7,00	3,40	6,69
7	0,6516	8,00	3,73	6,54
8	0,7183	9,00	4,13	6,78
9	0,7851	10,00	4,52	6,98
10	0,8328	10,87	5,14	6,87

---

[1]) A. W. Rakowsky, Zur Kenntnis der Adsorption (Moskau 1913); G. L. Stadnikoff, Koll.-Zeitschr. **31**, 19 (1922); **35**, 22 (1924).

Die Salze der Huminsäure sind, wie Franz Fischer und W. Fuchs bewiesen haben[1]), zu einer Austauschreaktion mit Salzen organischer und mineralischer ·Säuren fähig. Ein solches Verhalten von unlöslichen Salzen der kolloiden Humussäure zu den Lösungen kristallinischer Salze konnte man auf Grund der Beobachtungen über Austauschreaktionen von Kolloiden erwarten.[2])

Da die Austauschreaktionen 1. als Charakteristik der Humussäure dienen, 2. eine große Bedeutung für den Einblick in die Zusammensetzung der Torfasche haben und 3. als Grundlage für eine Reihe praktischer Schlüsse dienen, so ist es unbedingt notwendig, diese Reaktionen recht eingehend zu besprechen.

Bei einer Wechselwirkung zwischen dem wasserunlöslichen Bariumhumat und den wässerigen Chlorid- und Nitratlösungen von Kalium und Natrium geht tatsächlich eine Austauschreaktion vor sich, infolge der sich das Humat des Alkalimetalls und Bariumchlorid oder -nitrat bilden. Die neu gebildeten Salze gehen in die Wasserlösung über. Eine quantitative Untersuchung dieser Prozesse beweist, daß die Konzentration des alkalischen Humats in der Lösung proportional der Konzentration des mineralischen Alkalisalzes wächst. Somit verläuft der Bildungsprozeß des löslichen Humats entsprechend dem Massenwirkungsgesetz.

Die Veränderung der Konzentration des Bariumsalzes in der Lösung, abhängig von der Konzentration des mineralischen Alkalisalzes, ist bedeutend komplizierter. Die Konzentration des Bariumsalzes in der Lösung, in Äquivalenten ausgedrückt, wächst abhängig von der Konzentration des Alkalichlorids oder -nitrats bedeutend rascher als die Konzentration des löslichen Humats, in denselben Einheiten ausgedrückt. Eine Veränderung der Bariumsalzkonzentration in der Lösung wird durch eine Kurve ausgedrückt, die einer gewöhnlichen Adsorptionskurve ähnlich ist, wie aus Fig. 15 zu ersehen.

Für diese interessante Erscheinung kann eine annehmbare Erklärung erbracht werden. Wenn man mit Sven Odén und W. Fuchs das Molekulargewicht der Humussäure (gleich etwa 1300), das von G. L. Stadnikoff und P. P. Korscheff gefundene Äquivalent und die von W. Fuchs aufgestellte Formel dieser Säure annimmt, so muß das Bariumsalz der Säure 8 Äquivalente des Bariums enthalten. Dieses Salz reagiert mit Alkalisalz, indem es stufenweise eine Reihe Stadien entsprechend folgenden Gleichungen durchläuft:

---

[1]) Brennstoff-Chemie **8**, 291 (1927).
[2]) G. L. Stadnikoff, Koll.-Zeitschr. **31**, 19 (1922); **35**, 228 (1924).

1. $\mathrm{Hum\ ba_8} \quad + KNO_3 = \mathrm{Hum\ ba_7 K} + \mathrm{ba\ NO_3}$
2. $\mathrm{Hum\ ba_7 K} \quad + KNO_3 = \mathrm{Hum\ ba_6 K_2} + \mathrm{ba\ NO_3}$
3. $\mathrm{Hum\ ba_6 K_2} + KNO_3 = \mathrm{Hum\ ba_5 K_3} + \mathrm{ba\ NO_3} \ldots$
8. $\mathrm{Hum\ ba\ K_7} + KNO_3 = \mathrm{Hum\ K_8} \quad + \mathrm{ba\ NO_3}$[1]

Es entstehen also bei einer Austauschreaktion des Bariumhumats mit der alkalischen Salzlösung eine ganze Reihe gemischter Humate, welche als Zwischenstadien für die Bildung eines wasserlöslichen alkalischen Humats zu betrachten sind. Da die Alkalisalze der Humus-

Kapitel V. Fig. 2.

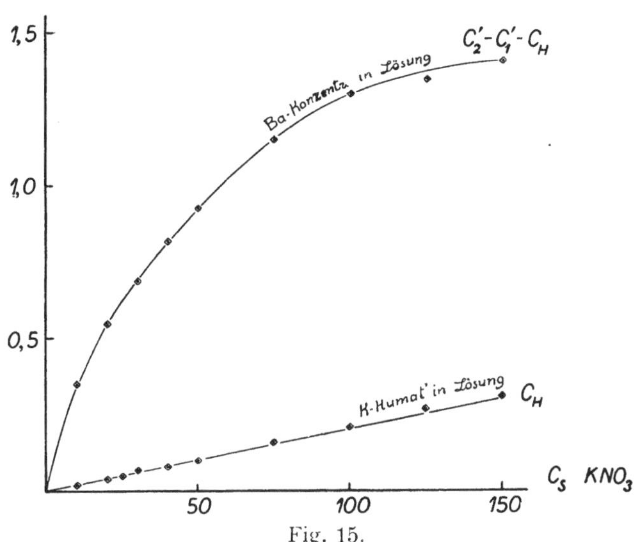

Fig. 15.

säure echte Lösungen bilden (Sven Odén), so kann natürlich das Vorkommen von Mineralsalzen (Elektrolyte) in dieser Lösung keine Koagulation des alkalischen Humats hervorrufen und dadurch auf seine Konzentration Einfluß haben. Die gemischten Kali-Bariumhumate sind nicht löslich und können sich in Wasser nur dispergieren. Jedoch wird der Dispersionsprozeß solcher Humate durch die koagulierende Wirkung der Mineralsalze, die sich in der Lösung vom gemischten Humat befinden, zurückgedrängt werden.

Franz Fischer und W. Fuchs[2], welche über Austauschreaktionen der Humate Studien anstellten, kamen zum Schluß, daß die Salze den

---

[1] Das Zeichen „Hum" bedeutet einen achtwertigen Rückstand der Humussäure, „ba" das Äquivalent des Bariums. G. Stadnikoff u. P. Korscheff, loc. cit.

[2] Brennstoff-Chemie **8**, 291 (1927).

Charakter von Permutit haben. Aus den Untersuchungen von G. L.
Stadnikoff und P. P. Korscheff ergibt sich jedoch, daß im Verlauf
der Austauschreaktionen bei Zeoliten und Humaten ein prinzipieller
Unterschied besteht. Die Zeolite kennen nicht das den Humaten so
eigentümliche letzte Stadium des Überganges von Alkalisalz in eine
Lösung. Die Reaktionen der Zeolite sind den Reaktionen des schwarzen
Anilins[1]) vollständig ähnlich; in beiden Fällen kann das Gleichgewicht
durch eine einfache Gleichung ausgedrückt werden. Die Reaktionen
der wasserunlöslichen Humate mit Alkalisalzen verlaufen jedoch infolge
Überganges des alkalischen Humats in eine Lösung und Bildung einer
Reihe von gemischten Humaten sehr kompliziert.

Die Austauschreaktion der Humussäuresalze und ihr eigentümlicher
Verlauf erschließen eine ganze Reihe von Prozessen, deren Wesen bis zur
letzten Zeit ganz unklar geblieben war. Vor allem wurde das Problem
der Koagulierung der Torfmasse mit verschiedenen Elektrolyten bisher
meistens empirisch gelöst, wobei den Reaktionen der Humatbildungen
und den Austauschreaktionen der Salze keine Bedeutung für diese
Koagulationsprozesse zugemessen wurde.

Unter den koagulierenden Agenzien wurde von G. L. Stadnikoff[2])
die Kolloidlösung des Eisenhydroxyds empfohlen, die sich am aktivsten
erwies; sogar das Eisenchlorid stand seiner Aktivität nach hinter dieser
Lösung zurück. Dieses merkwürdige Verhalten der Kolloidlösung des
Eisenhydroxyds, das seinerzeit keine genügende Erklärung fand, wird
jetzt ganz verständlich. In der Torfmasse, die eine saure Reaktion hat,
sind die Humussäuren in freiem Zustand wie auch in Gestalt von sauren
Salzen verschiedener Metalle enthalten, darunter auch von Eisenoxydul-
salzen. Unter der Wirkung der neutralen Salze auf die Torfmasse findet
eine gewöhnliche Koagulation statt. Dieser Prozeß, der praktisch nur
ganz kurze Zeit dauert, wird bald von einer langsam verlaufenden Austauschreaktion zwischen den sauren Humaten und den neutralen
Salzen, die für die Koagulation verwandt wurden, abgelöst. Als Folge
der Austauschreaktion bilden sich neue Salze der Huminsäuren desselben
Neutralisationsgrades und folglich auch mit derselben Fähigkeit, sich,
wie auch vor der Koagulation, in Wasser zu dispergieren. Ein ganz
anderer Prozeß findet bei Einwirkung der Sole von Eisenhydroxyd auf
die Torfmasse statt. Bei diesem Koagulationsverfahren werden die
sauren Humate mit Eisenhydroxyd neutralisiert und gehen in Salze
eines höchsten Neutralisationsgrades über, die die Fähigkeit, sich in

---

[1]) G. Stadnikoff, Koll.-Zeitschr. **31**, 19 (1922); **35**, 228 (1924).
[2]) Koll.-Zeitschr. **37**, 40 (1925); DRP. 362739.

Wasser zu dispergieren, nicht mehr besitzen und deshalb im koagulierten Zustand leicht gefällt werden.

Dieselben Austauschreaktionen der Humate erklären uns auch bei Anwendung der kolorimetrischen Methode die Schwankungen in den Bestimmungen des Huminsäurengehaltes der Torfe. Das Resultat einer Extraktion der Huminsäuren mit Natriumkarbonat wird von der Korrelation der freien Huminsäuren und ihrer unlöslichen Salze (vor allem der Kalziumsalze) im Torfe abhängen. Bei gleichem Humifikationsgrad zweier Torfarten, aber verschiedenem Aschengehalt, werden die Auszüge der Huminsäuren verschieden sein; infolgedessen sind auch die Resultate des Kolorimetrierens verschieden.

Jetzt ist uns auch die Ursache jener Veränderungen im Aschengehalt verständlich, die in verschiedenen Torfmooren beobachtet werden und im Kapitel über die Torfasche besprochen wurden.

Diese Austauschreaktionen weisen uns darauf hin, daß bei allen Schlüssen über die Herkunft der Torfe und der Kohlen auf Grund ihres Aschengehaltes große Vorsicht eingehalten werden muß, da die Zusammensetzung der Asche im Laufe der geologischen Perioden unter dem Einfluß der Salzgehalte der Wässer, die dem Bassin, wo die Kohlenbildung vorging, zugeflossen waren oder es umspült hatten, sich bis zur Unkenntlichkeit verändern kann. Der Aschenbestand der Steinkohlen konnte sich auch schon in der Vertorfungsperiode des ursprünglichen Pflanzenmaterials wie auch im Stadium der Braunkohle verändert haben. Diese Veränderungen konnten sich infolge Bereicherung der Lagerstätte z. B. an Kalziumoxyd, wie auch an alkalischen Oxyden abgewickelt haben. Der Verlauf des Prozesses konnte durch die Konzentration dieser oder jener Salze in den zufließenden oder die Ablagerung bespülenden Wässern bedingt werden.

Endlich erklären die untersuchten Austauschreaktionen die längst bekannte Tatsache, daß die Humussubstanzen als „Akkumulatoren des Kaliums" im Boden wirken. Bisher ist diese Erscheinung ungeklärt geblieben. Wie konnten tatsächlich die Huminsäuren Kalium im Boden aufspeichern, wenn die Humate des Kaliums leicht wasserlöslich waren? Unter solchen Bedingungen war es gerechtfertigt, einen Verlust des Bodens an Humussäuren und Kaliumoxyden, nicht aber dessen Bereicherung daran vorauszusetzen. Jetzt wird jedoch der Prozeß der Aufspeicherung von Kaliumoxyd im Humusboden völlig verständlich. Bei Einbringen von irgendwelchen Kaliumsalzen in den Boden bilden sich infolge der Austauschreaktion gemischte wasserunlösliche Kalium- und Kalziumhumate. Da man zur Verwandlung in lösliches Salz das ganze

134

Kalzium durch Kalium ersetzen muß (an 8 Äquivalente), so ist es ganz verständlich, warum eine relativ geringe Menge Humusstoff eine große Menge Kaliumoxyd im Boden akkumulieren kann.

Wie leicht zu ersehen ist, kann man jetzt den chemischen Charakter der Humussäure für wesentlich festgestellt halten; die Natur dieser Säure jedoch bleibt uns noch immer unerklärt, wir wissen nur von der Existenz von 8 bestimmten Atomgruppen in dem Molekül der Humussäure. Dazu gehören 6 Atome Kohlenstoff, 12 Atome Sauerstoff und 9 Atome Wasserstoff. Indessen kann aber die Struktur des Kerns der Humussäure, der ungefähr 50 Atome Kohlenstoff enthält, nicht für festgestellt gelten.

Eine Reihe von Untersuchungen, welche auf die Erforschung der Struktur des Kerns der Humussäure gerichtet waren, führten nur zu einer allgemeinen Vorstellung über ihre Natur, brachten aber keine vollständige Lösung der Frage über ihre Konstitution.

Die Ergebnisse der Untersuchungen der Huminsäuren, welche hauptsächlich aus Braunkohlen erzielt wurden, veranlassen, für den Kern dieser Säuren aromatischen Charakter anzunehmen, da sich in ihren Spaltungsprodukten Verbindungen der aromatischen Reihe befinden. Schon Hoppe-Seyler[1]) hatte nach der Schmelzung der Huminsäure mit Ätzkali 1, 3, 4 Dioxybenzoesäure abgeschieden. Eingehender beschäftigten sich mit der Frage der Zersetzungsprodukte, die bei der Schmelzung der Huminsäuren mit Ätzalkali gewonnen werden, Tropsch und Schellenberg. Es gelang ihnen, aus den Zersetzungsprodukten der Huminsäuren, die aus Rosenthaler Braunkohle ausgezogen wurden, 1. Isophtal-, 2. 1, 3, 5-Oxyisophtal- und 3. m-Oxybenzoesäure abzuscheiden.

Die angeführten Resultate können aber nicht als einwandfreies Zeugnis für die Annahme eines aromatischen Charakters des Kerns der Huminsäure aufgefaßt werden, da bei einer Schmelzung mit Ätzalkalien auch die aliphatischen Verbindungen Substanzen der aromatischen Reihe abgeben können.

Von größerer Bedeutung für die Feststellung der Natur der Huminsäuren ist daher eine andere Untersuchung von Tropsch und Schellenberg, die Trinitrodioxybenzol in individuellem Zustand aus den Produkten der Behandlung von Huminsäuren mit 5 n-Salpetersäure ausgeschieden hatten.

Untersuchungen synthetischer Art führen auch zum Schluß, daß der Kern der Huminsäuren aromatischen Charakter besitzt. Mehrere

---

[1]) Ber. **24**, R. 217 (1891); Zeitschr. f. physiol. Chem. **13**, 66 (1889).

Forscher suchten Huminsäuren auf künstliche Weise zu gewinnen. Als wichtigstes Ausgangsmaterial für die Synthese solcher Säuren dienten lange Zeit Kohlenhydrate, die bei Behandlung mit Säuren unter verschiedenen Bedingungen amorphe, braungefärbte, in ihrem Äußern natürlichen Huminsäuren sehr ähnliche Substanzen lieferten. Diese braunen Substanzen wurden bis in allerletzte Zeit für echte Huminsäuren gehalten und dienten als Material für das Studium der Eigenschaften dieser Verbindungen. Es ist noch nicht lange her, daß Kuawamura[1]) wiederum empfahl, diese braunen, aus Kohlenhydraten gewonnenen Substanzen zum Studium der kolloiden Natur der Huminsäuren zu benutzen, weil er diese Huminsäuren für relativ frei von fremden Beimischungen hielt.

Die weiteren Forschungen ergaben, daß die von Kuawamura benutzten „Huminsäuren" überhaupt keine Säureeigenschaften aufwiesen und in ihrem Adsorptionsverhalten Bariumhydroxyd gegenüber sich wesentlich von der natürlichen Säure unterschieden.[2])

Schon vordem war das Problem der künstlichen, aus Kohlenhydraten gewonnenen Huminsäuren durch eine Reihe von Untersuchungen dahin entschieden, daß man einen wesentlichen Unterschied zwischen diesen und den natürlichen Huminsäuren annahm. Franz Fischer und W. Gluud[3]) stellten fest, daß bei einer Oxydation der Phenole unter Druck sich unlösliche braune, der Huminsäure ähnliche Substanzen bilden. Die Bildung solcher Substanzen bei Oxydation verschiedenartiger Phenole stellten Franz Fischer und H. Schrader[4]) fest.

Eller[5]) erhielt eine Anzahl künstlicher Huminsäuren durch Oxydation der Phenole (Oxyhydrochinon, Toluhydrochinon, Hydrochinon, Pyrogallol); die Oxydation erfolgte entweder durch Einwirkung des Sauerstoffes der Luft auf die alkalische Phenollösung oder durch die Einwirkung des Natriumpersulfats auf dieselbe. Letzteres Verfahren führte rascher und leichter zum Ziel. Aus den Huminsäuren, die aus Phenolen und Kohlenhydraten gewonnen waren, bereitete Eller Nitro- und Chlor-Derivate. Ein Vergleich der Zusammensetzung und der Eigenschaften dieser Verbindungen führt zu dem Schluß, daß die künstlichen Huminsäuren phenolischen Ursprungs eine große Ähnlichkeit mit den natürlichen Säuren besitzen und sich wesentlich von den künst-

---

[1]) Journ. of Physical Chem. **30**, 1364 (1926).
[2]) G. Stadnikoff u. P. Korscheff, Koll.-Zeitschr. **47**, 137 (1929).
[3]) Brennstoff-Chemie **2**, 44.
[4]) Abh. Kohle **4**, 299 (1919).
[5]) Lieb. Ann. **431**, 133.

lichen Säuren aus Kohlenhydraten unterscheiden; letztere zeigen keine Ähnlichkeit mit den natürlichen Huminsäuren. Diese Schlüsse können durch folgende Zahlenergebnisse aus Ellers Untersuchungen veranschaulicht werden.

I. Natürliche Huminsäuren . . . . C 59,70; H 3,43 Proz.
Huminsäuren aus Oxyhydrochinon . . . C 58,15; H 3,15 ,,
berechnet für $(C_6H_4O_3)$ x . . . . C 58,06; H 3,25 ,,

II. Nitroverbindungen aus natürlicher Huminsäure . . . . . . C 49,15; H 2,72; N 5,41 ,,
Nitroverbindungen der Säure aus Hydrochinon . . . . C 48,97; H 2,46; N 4,92 ,,
berechnet für $C_{12}H_7O_8N$ . . . C 49,14; H 2,41; N 4,78 ,,
Nitroverbindungen der Säuren aus Kohlenhydraten . . . . . C 47,89; H 4,10; N 5,32 ,,

III. Chlorderivate der Säure aus Hydrochinon . . . . C 30,09; H 1,49; Cl 44,45 ,,
Chlorderivate der natürlichen Humussäuren . . . . C 33,08; H 1,69; Cl 42,3 ,,
Chlorderivate der Säuren aus Kohlenhydraten . . . . C 40,46; H 3,40; Cl 22,76 ,,
berechnet für $C_{10}H_5O_6Cl_5$ . . . C 30,15; H 1,26; Cl 44,55 ,,

Diese Werte müssen noch durch folgende Charakteristik der Chlorderivate ergänzt werden. Die Derivate der Säuren, die aus Kohlenhydraten dargestellt wurden, sind in Alkohol schwer löslich, in Äther, Phenol und Essigsäure ganz unlöslich; dagegen sind die Chlorderivate der Phenol- und natürlichen Huminsäuren in diesen Mitteln leicht löslich. Die Chlorderivate der Huminsäuren aus Kohlenhydraten verändern sich nicht beim Kochen mit Wasser, die Chlorderivate der phenolischen und natürlichen Huminsäuren dagegen zersetzen sich dabei und spalten Kohlensäure ab.

Zu einem ganz bestimmten Schluß über die chemische Verwandtschaft der natürlichen Huminsäuren und der Säuren Ellers führen auch die Untersuchungen von W. Fuchs[1]), der eine parallele Untersuchung von Derivaten (Metoxyl-, Chlor- und Bromderivate) der obenerwähnten sowie auch der aus Stärke gewonnenen Säuren unternahm; letztere Säuren zeigten dabei einen wesentlichen Unterschied von natürlichen und phenolischen Säuren.

Alle diese Untersuchungen festigen noch die Ansicht für eine aromatische Struktur des Kerns der Huminsäuren. Eine neue Stärkung

---

[1]) Brennstoff-Chemie **8**, 73, 101 (1927).

erfährt sie durch Ergebnisse einer von W. Fuchs angestellten parallelen Untersuchung von Derivaten der Huminsäuren und des Lignins, dessen Kern den neuesten Forschungen gemäß aromatische Struktur besitzt. P. Klason erhielt bei Trockendestillation des Lignins 10 Proz. Phenole, Franz Fischer und H. Schrader[1]) fanden im Teer aus Zellulose 8 Proz., im Teer aus Lignin jedoch 34 Proz. Phenole. Hönig und W. Fuchs[2]) erhielten bei Schmelzung mit Kaliumhydroxyd von Lignosulfosäure, welche aus der Sulfitlauge einer Zellulosefabrik abgeschieden wurde, gegen 19 Proz. Protokatechusäure. Melander[3]) erhielt bei solcher Behandlung der Ligninsulfosäure Pyrokatechin-, Vanilin- und Protokatechusäure, in Mengen von etwa 10 Proz. des benutzten organischen Materials. P. Klason[4]) beobachtete beim Schmelzen des Lignins mit Ätzkali ebenfalls Protokatechusäure. Dieselbe Säure erhielten Franz Fischer und H. Tropsch[5]) beim Verschmelzen des Lignins mit Ätzkali.

P. Klason[6]) und andere Forscher lieferten eine Reihe von neuen Belegen für die aromatische Natur des Lignins, wodurch es möglich wurde, die Struktur des Kerns dieser Verbindungen noch genauer zu beurteilen.

Wenn man die Resultate der Verschmelzung von Huminsäuren und Lignin mit Alkalien vergleicht, so gestatten diese Werte schon einen Schluß über die Strukturähnlichkeit dieser Verbindungen. Die chemische Verwandtschaft dieser Verbindungen wurde weiter durch Franz Fischer, H. Schrader und W. Treibs bestätigt, die bei der Oxydation des Lignins[7]) und der Holzsubstanz[8]) unter Druck Huminsäuren erhielten; bei der Oxydation der Zellulose[9]) unter den gleichen Bedingungen nahmen diese Forscher keine Bildung von Huminsäure wahr. Endlich finden wir in den letzten Arbeiten von W. Fuchs[10]) einen völlig überzeugenden Beweis für die chemische Verwandtschaft von Lignin mit natürlichen Huminsäuren. Dieser Forscher bereitete Nitroderivate aus der Holzsubstanz, dem Lignin von Willstätter, dem technischen Lignin und

---

[1]) Abh. Kohle **5**, 111, 115; siehe auch H. Tropsch, Abh. Kohle **6**, 299.

[2]) M. **40**, 341 (1919).

[3]) Centralblatt **1**, 862 (1919).

[4]) Ber. **53**, 708 (1920).

[5]) Abh. Kohle **6**, 277 (1923).

[6]) Ber. **53**, 706, 1862, 1864 (1920); Bericht von P. Klason in Brennstoff-Chemie **2**, 136 (1921).

[7]) Abh. Kohle **5**, 221 (1922).

[8]) Abh. Kohle **4**, 342.

[9]) Abh. Kohle **5**, 212.

[10]) Brennstoff-Chemie **9**, 298 (1928).

den Huminsäuren aus Braunkohle. Die gewonnenen Nitroderivate wurden einer erschöpfenden Methylierung unterzogen. Die Werte der eingehenden Analyse der „Nitroderivate" und der Produkte ihrer erschöpfenden Methylierung sind in der Tabelle LXX in Proz. enthalten.

Tabelle LXX.

			Aus der Holzsubstanz	Aus Willstätters Lignin	Aus technischem Lignin	Aus der Humussäure der Kasseler Braunkohle
Produkte der Behandlung mit Salpetersäure	Elementare Zusammensetzung	C	48,9	48,8	52,4	53,8
		H	4,2	4,0	3,9	3,6
		N	3,5	3,8	4,3	2,2
	Gehalt der Gruppen	OH	7,9	9,2	10,6	10,7
		OCH_3	8,5	9,2	9,5	1,6
		CO	6,0	8,6	8,6	8,4
Produkte der erschöpfenden Methylierung des Nitroderivats	Elementare Zusammensetzung	C	53,3	55,1	55,8	59,1
		H	4,9	4,9	4,8	4,0
		N	4,5	3,1	3,1	2,3
	Gesamt-Methoxylgehalt .		17,5	15,2	15,4	15,2
	Ester-Methoxylgehalt . .		6,2	·3,7	4,7	9,0
	Äther-Methoxylgehalt . .		11,3	11,5	10,7	6,2
	Karbonilzahl		2,0	2,3	2,2	1,9

Zu den Tabellenangaben hat W. Fuchs noch eine Bestimmung des Molekulargewichts der Derivate hinzugefügt und auf Grund des zusammengestellten Materials den Bestand bestimmter Atomgruppierung in den geprüften Verbindungen festgestellt, was letzten Endes zu folgenden Formeln für die methylierten Derivate geführt hat:

1. Aus der Holzsubstanz gewonnen:

$$C_{51}H_{45}N_4O_{20} \begin{cases} (COOCH_3)_3 \\ (OCH_3)_5 \\ (CO-C=N\cdot OH). \end{cases}$$

2. Aus Willstätters Lignin gewonnen:

$$C_{54}H_{48}O_{27}N_2 \begin{cases} (COOCH_3)_2 \\ (OCH_3)_5 \\ (CO-C=N\cdot OH). \end{cases}$$

3. Aus technischem Lignin gewonnen:

$$C_{54} H_{45} O_{21} N_2 \begin{cases} (COOCH_3)_2 \\ (OCH_3)_5 \\ (CO - C = N \cdot OH). \end{cases}$$

4. Aus Huminsäuren gewonnen:

$$C_{58} H_{35} O_{17} N \begin{cases} (COOCH_3)_4 \\ (OCH_3)_3 \\ (CO - C = N \cdot OH). \end{cases}$$

Eine Zusammenstellung der Analysenergebnisse mit den theoretischen Zahlen für die oben angeführten Formeln ist aus der Tabelle LXXI ersichtlich.[1]

Tabelle LXXI.

	1		2		3		4	
	gef.	ber.	gef.	ber.	gef.	ber.	gef.	ber.
C	53,3	53,5	55,1	55,0	55,8	55,7	59,1	59,6
H	4,9	4,8	4,9	4,9	4,8	4,8	4,0	4,0
N	4,5	4,9	3,1	3,0	3,1	3,0	2,3	1,9
O	37,3	36,8	36,9	37,1	36,3	36,5	34,6	34,5
CO	2,0	2,0	2,3	2,0	2,2	2,0	1,9	2,0
Allgemeiner Gehalt CH_3 . . .	17,5	17,3	15,2	15,3	15,4	15,5	15,2	15,0
Ester CH_3	6,2	6,5	3,7	4,4	4,7	4,4	9,0	8,6
Einfacher Äther CH_3	11,3	10,8	11,5	10,9	10,7	11,1	6,2	6,4

Das Zusammenstimmen der gefundenen Werte mit den berechneten ist völlig befriedigend. Dies bestätigt die Richtigkeit der von W. Fuchs angegebenen Formeln und zugleich auch die chemische Verwandtschaft der Huminsäuren aus Braunkohle mit Lignin.

Selbstverständlich werden die Huminsäuren des Holztorfes eine größere Ähnlichkeit mit den Huminsäuren aus Braunkohle aufweisen. Es ist jedoch möglich (und dies ist auch zu erwarten), daß die Huminsäuren der Sphagnumtorfe in den Einzelheiten ihrer Zusammensetzung von den Huminsäuren aus Braunkohle abweichen werden. Diese Abweichung wird gleicher Art sein wie die Abweichung des Lignins aus Sphagnum vom Lignin der Buche oder Fichte. Trotzalledem kann die Ähnlichkeit der chemischen Natur bei verschiedenartigen Ligninen wie Huminsäuren der Torfe und Kohlen in der Hauptsache keinen Zweifel erregen.

---

[1] W. Fuchs, Brennstoff-Chemie **9**, 300 (1928).

Letzten Endes liefern die Lignin- und Huminsäurenuntersuchungen des letzten Jahrzehnts eine hinreichend feste Grundlage für die Theorie von der Herkunft der Humuskohlen, die 1921 von Franz Fischer und H. Schrader[1]) aufgestellt wurde.

Diese Theorie, die auf der Tagung des Vereins Deutscher Chemiker in Stuttgart vorgetragen wurde, bedingt eine Reihe von Einwänden.[2]) Die meisten derselben wurden schon damals von Franz Fischer[3]) widerlegt, die übrigen erledigten sich nach und nach mit der Erweiterung unserer Kenntnisse über die Zellulose, das Lignin und die Huminsäuren.

Da die Theorie von Franz Fischer und H. Schrader annimmt, daß das erste Bildungsstadium jeder Kohle durch die Humifikation der Anhäufungen von pflanzlichem Material gekennzeichnet ist, so gibt sie uns damit eine neue Deutung jener Prozesse, die von den Anhäufungen der abgestorbenen Pflanzen zur Bildung von Torflagern führen. Diese Deutung verlangt zur Klarstellung der Torfbildungsprozesse eingehendere Beschreibung der Lignintheorie.

Die Notwendigkeit einer solchen Erörterung wird um so einleuchtender, wenn man den Umstand in Erwägung zieht, daß die Forschungen über die Zusammensetzung und die Eigenschaften der Torflager in verschiedenen Tiefen zur endgültigen Bestätigung der Lignintheorie führen und die Prozesse des ersten Stadiums der Kohlenbildung in allen Einzelheiten aufdecken können. Solche Kenntnisse werden uns ferner Wege zur Entdeckung der Veredlungsverfahren für die Torfmoore erschließen. Die Möglichkeit einer künstlichen Beschleunigung der Vertorfungsprozesse pflanzlichen Materials sowie der Prozesse einer Kohlenstoffanreicherung der Torflager ist ja nicht ausgeschlossen. Die Beobachtungen und theoretischen Betrachtungen von Taylor[4]) können uns dabei von großem Nutzen sein.

Franz Fischer und H. Schrader nehmen an, daß alle Kohlenhydrate, von den Hexosen bis einschließlich zur Zellulose, unter dem Einfluß der Lebenstätigkeit von Mikroorganismen zerstört und in gasförmige oder im Wasser leicht lösliche Substanzen umgewandelt wurden, die mit der Zeit aus dem Material, das der Zerstörung noch standgehalten hat, ausgespült wurden.

Gewiß sind unter dem Einfluß der Lebenstätigkeit von Mikroorganismen auch Zerstörungen des Lignins möglich, doch wird Zellulose

---

[1]) Brennstoff-Chemie **2**, 37 (1921).
[2]) Brennstoff-Chemie **2**, 213—215.
[3]) Brennstoff-Chemie **2**, 216—219.
[4]) Fuel **6**, 359 (1927); **7**, 230 (1928).

bedeutend rascher wie Lignin zerstört. Daher sinkt im Laufe der Zeit der Zellulosegehalt in den Ablagerungen des pflanzlichen Materials, der Ligningehalt aber steigt. Letzterer sammelt sich zuerst in der jeweiligen Ablagerung an und beginnt dann sich in amorphe braungefärbte Substanzen, die Huminsäuren, zu verwandeln. Im Zusammenhang mit diesen Prozessen sinkt der Ligningehalt in den Anhäufungen des Pflanzenmaterials allmählich.

Die Zunahme des Lignins mit einer gleichzeitigen Zerstörung der Zellulose während eines durch Lebenstätigkeit von Mikroorganismen hervorgerufenen Zerfalls des Pfanzenmaterials wurde mehrfach durch verschiedene Forscher festgestellt.[1] In allerletzter Zeit lieferten Franz Fischer und R. Lieske[2] neue Ergebnisse, welche die Frage über die Zerstörung der Zellulose und Ansammlung von Lignin bei einer Verwandlung des Pflanzenmaterials unter natürlichen Bedingungen erschöpften. Sie stellten die Zusammensetzung der Holzsubstanz, die im Walde gefunden und sich in verschiedenen Zerstörungsstadien befand, fest. Die erste Probe, die vom Zerstörungsprozeß kaum berührt war, enthielt 31,12 Proz. Lignin; die um einiges stärker zersetzte zweite Probe enthielt 36,65 Proz. Lignin; in der dritten Probe, die sich zwischen den Fingern leicht zerreiben ließ, betrug der Ligningehalt 39,21 Proz., in der vierten 59,00 Proz., in der fünften 71,36 Proz., in der sechsten 73,89 Proz. und in der siebenten 85,55 Proz. In der letzten Probe konnte man die Anwesenheit von Zellulose nur vermuten.

Bei der Analyse der Holzsubstanz, die sich durch eine Reinkultur Merulius lacrimans zerstören ließ, konnten Franz Fischer und R. Lieske auch das Verschwinden der Zellulose und die Ansammlung des Lignins feststellen; die Holzprobe enthielt nach 210 Tagen 47,4 Proz. Lignin, nach 260 Tagen eine andere Probe desselben Baumes 52,08 Proz. Lignin, sie hatte 44,48 Proz. ihres ursprünglichen Gewichts verloren. Nach 300 Tagen enthielt eine dritte Probe 57,9 Proz. Lignin und hatte 56,8 Proz. des ursprünglichen Gewichts (auf Trockensubstanz bezogen) verloren.

Endlich lieferten Franz Fischer und R. Lieske den Beweis für die Ansammlung des Lignins bei der Vertorfung der Ablagerungen von Farnen.

Die in den Pflanzen enthaltenen Wachse, Fette und Harze zeigten sich widerstandsfähiger, wurden beim Vertorfungsprozeß nicht zerstört,

---

[1] Bray and Andrews, Journ. Ind. and Engin. Chem. **16**, 137 (1924); Großkopf, Brennstoff-Chemie **7**, 293 (1925); Falck u. Haag, Ber. **60**, 225 (1927); A. Brandl, Brennstoff-Chemie **9**, 89 (1928).
[2] Biochem. Zeitschr. **203**, 351 (1928).

und deswegen stieg der Prozentgehalt der Lagerschicht an diesen Bestandteilen entsprechend dem Zerstörungsgang der Kohlenhydrate.

Mit der Umwandlung des Lignins in Huminsäuren und der Ansammlung von Wachsen, Fetten und Harzen schließt das Stadium der
Torfmoorbildung ab. Bei den weiteren Veränderungen gelangen die
Huminsäuren zuerst in das Stadium der Anhydride, welche in der Kälte
in wässeriger Alkalilösung nicht, sondern nur beim Kochen löslich sind.
Diese Anhydride, die den Namen Humite erhielten, verlieren allmählich
Kohlensäure, Wasser und Methan und verwandeln sich in Substanzen,
die in der wässerigen Alkalilösung sogar beim Sieden unlöslich sind;
diese Stoffe mit großem Kohlenstoffgehalt hat man Humuskohle
genannt.

Die Theorie von Franz Fischer und H. Schrader, vielfach
Lignintheorie genannt, zeichnet sich durch auffallende Einfachheit
aus. Die vorher angeführten Belege für die chemische Verwandtschaft
des Lignins mit den Huminsäuren bilden eine hinreichend zuverlässige
Grundlage für diese Theorie. Es ist jedoch einer allerseitigen Beleuchtung
dieser Frage wegen von Nutzen, eine parallel gehende Zusammenstellung der Eigenschaften und Verwandlungen von Zellulose, Lignin
und Huminsäuren zu geben.

Zellulose	Lignin	Huminsäuren
1. Vergärbar.	1. Nicht vergärbar.	1. Antiseptikum.
2. Zerstörbar durch Holzpilze.[1]	2. Durch Holzpilze[2] nicht zerstörbar.	2. Nicht zerstörbar.
3. Überhaupt zerstörbar durch Mikroorganismen.	3. Nicht zerstörbar, verwandelt sich aber in Huminsäuren.[3]	3. Nicht zerstörbar.
4. Wird von Tieren verdaut.[3]	4. Wird nicht verdaut.	
5. Enthält keine Metoxylgruppen	5. Enthält Metoxylgruppen.	5. Enthalten Metoxylgruppen.
6. Gibt bei einer Oxydation unter Druck keine Huminsäuren ab.[4]	6. Gibt bei einer Oxydation unter Druck Huminsäuren ab.[5]	

[1] Fr. Fischer u. R. Lieske, Biochem. Zeitschr. **203**, 354 (1928).
[2] Wehmer, Brennstoff-Chemie **6**, 101.
[3] Fr. Fischer u. Lieske, Biochem. Zeitschr. **203**, 354 (1928).
[4] Fr. Fischer, H. Schrader u. W. Treibs, Abh. Kohle **5**, 212.
[5] Fr. Fischer, H. Schrader u. W. Triebs, Abh. Kohle **5**, 221.

Zellulose	Lignin	Huminsäuren
7. Gibt bei einer Oxydation durch Luft bei Zimmertemperatur keine Huminsäuren ab.[1]	7. Gibt bei einer Oxydation unter den gleichen Bedingungen Huminsäuren ab.[1]	
8. Gibt bei einer Methangärung keine Huminsäuren ab.[2]	8. Verwandelt sich bei einer Gärung in Huminsäuren.	
9. Gibt bei einer Behandlung mit Säuren braune Stoffe ab, die sich von natürlichen Huminsäuren unterscheiden.	9, Bildet Huminsäuren, die den natürlichen sehr ähnlich sind.	
10. Gibt Furanderivate ab.	10. Gibt keine Furanderivate ab.	10. Geben keine Furanderivate ab.
11. Gibt keine aromatische Derivate ab.	11. Gibt aromatische Derivate ab.	11. Geben aromatische Derivate ab.
12. Gibt bei einer Trockendestillation Teer mit niedrigem Phenolgehalt ab (8 Proz.).	12. Gibt bei einer Trockendestillation Teer mit hohem Phenolgehalt ab (34 Proz.).	12. Geben bei einer Trockendestillation Phenole ab.[3]

Wie aus dieser Zusammenstellung leicht ersichtlich ist, haben sich die Huminsäuren und ihre Derivate (Humite), wie auch Humuskohlen nur aus Lignin bilden können. Es ist zu bemerken, daß die Autoren dieser Theorie Franz Fischer und H. Schrader die Möglichkeit einer teilweisen Beteiligung von Zellulose bei der Bildung der Huminsäuren nicht ausschließen, doch schreiben sie dem Lignin die führende Bedeutung in den Prozessen der Kohlenbildung zu.

Heute kann man gegen die Theorie von Franz Fischer und H. Schrader auch keinen einzigen wesentlichen Einwand erheben. Alle früheren Einwände wurden rechtzeitig von den Autoren der Lignintheorie widerlegt[4]), und man braucht sie daher nicht zu erwähnen. Es gibt jedoch drei Einwände, die man nochmals prüfen muß, um sie

[1]) Fr. Fischer, Brennstoff-Chemie **2**, 216 (1921).
[2]) Hoppe-Seyler, Ber. **16**, 122 (1883); Zeitschr. f. physiol. Chem. **10**, 766, 879 (1886); **13**, 66 (1889); Ehrenberg, Chem.-Ztg. **34**, 1157 (1910); Keppeler, Brennstoff-Chemie **2**, 215 (1921).
[3]) Hofmann, Brennstoff-Chemie **2**, 237 (1921).
[4]) Brennstoff-Chemie **2**, 213 (1921).

endgültig beiseite zu legen. Einer der stärksten Einwände gegen die Lignintheorie war der von den Botanikern festgestellte Umstand, daß Lignin unter den organischen Bestandteilen der Sphagnummoose fehlte; diese zeigten in den mikroskopischen Präparaten keine charakteristischen Reaktionen auf Lignin. Dabei gehören aber Sphagnummoose zu den verbreitetsten Torfbildnern der nördlichen Breitengrade. Aus dieser Tatsache konnte man nur einen Schluß ziehen: die Huminsäuren der Sphagnumtorfe hatten sich nicht aus Lignin, das man in diesen Moosen nicht vorfindet, sondern aus Zellulose gebildet[1]). Der weitere unmittelbar an diese Folgerung gebundene Schluß lautet: Humite und Humuskohlen haben sich aus Zellulose gebildet.

Heute, wo ein Ligningehalt in Sphagnummoosen und im Eriophorum vaginatum bewiesen ist, fällt dieser Einwand von selbst weg. Gleichzeitig scheiden aber auch alle anderen Einwände aus, die auf falschen Vorstellungen vom Lignin der Torfbildner und deren Metoxylzahlen[2]) aufgebaut waren.

Ein anderer Einwand gegen die Lignintheorie stützte sich auf die Tatsache, daß in den Steinkohlen recht häufig ein für diese Kohle gewöhnlicher Bestandteil (Fusit) mit einer gut erhaltenen anatomischen Struktur der Holzsubstanz vorkommt. Dieselbe Struktur hat sich in den Ligniten und zuweilen auch in den Braunkohlen erhalten. Die Gegner der Lignintheorie[3]) meinten, daß Zellulose das Hauptmaterial sei, aus welchem die anatomischen Elemente der Holzsubstanz gebildet werden, und nahmen daher an, daß die anatomische Struktur sich in den Steinkohlen nur wegen der Festigkeit der Zellulose hat erhalten können, die nicht zerfiel, wie das Franz Fischer und H. Schrader annahmen, sondern durch das Zwischenstadium der Huminsäuren sich nun in eine kohlige Masse verwandelte.

Diesen zweiten Einwand, welchem von manchen eine große Bedeutung zugesprochen wurde, entkräfteten neuerdings Franz Fischer und R. Lieske.[4]) Die von ihnen durchgeführte Untersuchung einer unter natürlichen Bedingungen (im Walde) stark zersetzten Holzsubstanz stellte fest, daß die anatomische Struktur sich in vollem Maß auch dann erhält, wenn sich die Zellulose ganz zersetzt hat und fast reines Lignin mit geringem Zusatz von wasserlöslichen Substanzen zurückgeblieben ist.

[1]) Marcusson, Zeitschr. f. angew. Chem. **38**, 339 (1925).
[2]) Jonas, Brennstoff-Chemie **2**, 213 (1921).
[3]) Erdmann, Zeitschr. f. angew. Chem. **34**, 312 (1921).
[4]) Biochem. Zeitschr. **203**, 351 (1928).

In Fig. 16 und 17[1]) sind mikroskopische Abbildungen der Quer- und Längsschnitte des im Walde zerstörten Baumes dargestellt. Die Baumteile enthielten 85,05 Proz. Lignin, 1,15 Proz. Asche, 4,67 Proz. mit heißem Wasser und 3,05 Proz. mit Benzolalkohol extrahierbare Stoffe.

Endlich berief man sich beim dritten Einwand auf die Tatsache. daß Zellulose in der Braunkohle in völlig unverändertem Zustand gefunden wurde.[2])

Diese Erscheinung wurde als Beweis für die Widerstandsfähigkeit der Zellulose angesehen und daraus wurde geschlossen, daß Zellulose,

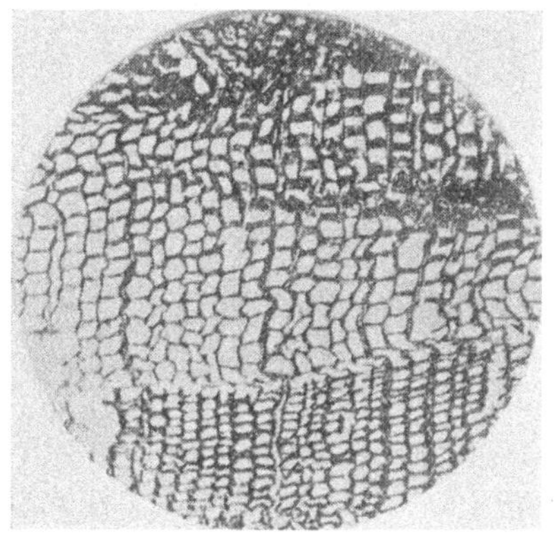

Fig. 16.

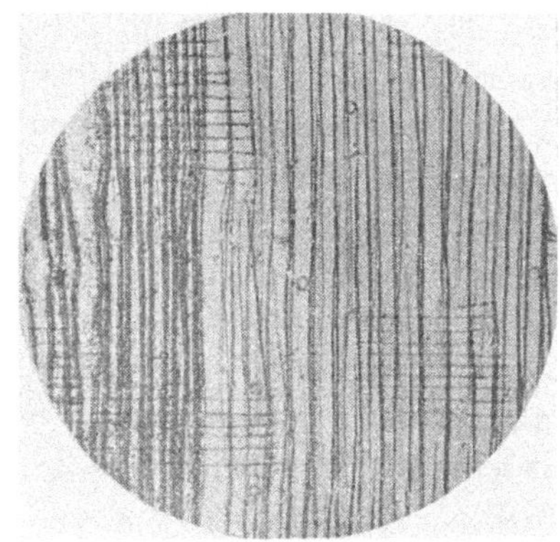

Fig. 17.

in vollem Widerspruch zu Franz Fischers und H. Schraders Annahme, während der Vertorfung der Anhäufungen des pflanzlichen Materials nicht zerfällt, sondern in Huminsäuren umgewandelt wird.

Diese Ansicht über die Bedeutung der Zellulose bei der Kohlenbildung muß nach der früher erwähnten Untersuchung von Franz Fischer und R. Lieske abgelehnt werden. Außerdem führt eine Prüfung der quantitativen Beziehungen der Bestandteile des Sphagnumtorfes zu einem ganz entgegengesetzten Schluß.

Der Zellulosegehalt gut zersetzter Sphagnumtorfe steigt nicht über 10 Proz., indessen erreicht der Huminsäuregehalt 50 Proz. und die Bitumina betragen nicht selten 20 Proz. der Trockensubstanz des Torfes. Wenn man berücksichtigt, daß die Trockensubstanz von Sphagnum parvifolium 35 Proz. Zellulose, 6—7 Proz. Harze und Wachse und 9 Proz. Lignin enthält, so ist leicht zu berechnen, daß sich aus solchem Material Torf mit 20 Proz. Bitumina nur bei Verlust von 65 Proz. des

---

[1]) Dem Aufsatz von Fr. Fischer u. Lieske entnommen.
[2]) Marcusson, Zeitschr. f. angew. Chem. **40**, 1104 (1927).

Ausgangsmaterials hätte bilden können. Dabei hätten außer den anderen Bestandteilen von Sphagnum parvifolium auch das ganze Lignin und noch 7 Proz. Zellulose verschwinden müssen; folglich stellt schon die erste Berechnung die Zerstörbarkeit der Zellulose außer Zweifel. Wenn aber der Vertorfungsprozeß unserer Annahmen entsprechend verlief, dann müßte man einen Torf erhalten, der 80 Proz. einer Mischung von Zellulose und Huminsäuren enthielte. Indessen enthält die Trockensubstanz gut zersetzten Torfes (Spagnumtorfe des Moores Elektroperedatscha aus der Tiefe von 1,5 m) nur 4,8 Proz. Zellulose und der übrige Teil des Torfes besteht aus 2,5 Proz. Asche, 19 Proz. Bitumina, 13 Proz. wasserlöslicher Substanzen, 2,7 Proz. Lignin, 31 Proz. Huminsäuren und 26,8 Proz. unlösliche Salze wasserlöslicher Säuren.

Somit wird durch das Resultat der Prüfung der Torfzusammensetzung, die Ansicht über die Widerstandsfähigkeit der Zellulose widerlegt und eine Bekräftigung der Lignintheorie über die Entstehung der Kohlen erbracht.

Jedoch kann die widerstandslose, leicht zersetzliche Zellulose widerstandskräftig werden und die Fähigkeit erlangen, ohne wahrnehmbare Veränderungen geologische Perioden zu überleben, wenn sie in eine antiseptische Umgebung gelangt; als solche Umgebung muß gut zersetzter an Huminsäuren reicher Torfmoor angesehen werden. In einem solchen Torfmoor kann sich die Zellulose bis zum Moment der Umwandlung des Torfmoores in ein Braunkohlenlager erhalten. Daher steht das Vorkommen von Zellulose in den Braunkohlen keinesfalls im Widerspruch mit der Lignintheorie.

Kapitel VI.

Der Torfteer.

Zusammensetzung und Eigenschaften des Torfteers werden einerseits je nach Zusammensetzung und Eigenschaften des Ausgangstorfes, andererseits entsprechend den Bedingungen der Trockendestillation eines und desselben Torfes in weiten Grenzen schwanken. Wenn man ganz gleiche Bedingungen einer Trockendestillation bei niedriger Temperatur für den Torf aus einem und demselben Ausgangsmaterial, aber von verschiedenen Zersetzungsgraden (z. B. Sphagnumtorf aus verschiedenen Schichten derselben Lagerstätte oder gleichfalls Sphagnumtorf, jedoch aus verschiedenen Mooren) annimmt, so macht es keine Schwierigkeiten, Veränderungen in der Zusammensetzung und Art des Teers je nach dem Zersetzungsgrad des Torfes vorauszusehen. Im ganzen läßt sich sagen, daß, je höher der jeweilige Zersetzungsgrad des Torfes ist, je mehr er an Huminsäuren enthält, desto mehr der bei der Destillation gewonnene Teer seiner Eigenschaft und Zusammensetzung nach sich den Teeren aus jungen Braunkohlen, die im Idealfall aus Bitumina, Huminsäuren und deren Salzen bestehen (Kasseler Braunkohle) nähert. Umgekehrt, je niedriger der Zersetzungsgrad des Torfes ist, je weniger er an Huminsäuren enthält, desto größer ist sein Gehalt an unzersetztem Pflanzenmaterial, desto mehr nähert sich der gewonnene Teer in seiner Art und Zusammensetzung den Holzteeren.

Speziell Teer aus gut zersetztem Sphagnumtorf wird relativ viel Paraffin enthalten, da der Prozentgehalt der Torfe an Wachsen gleichzeitig mit der Steigerung des Zersetzungsgrades wächst.

In den überwiegend meisten Fällen nehmen die Torfteere eine mittlere Stelle zwischen den bei der Destillation eines Pflanzenmaterials gewonnenen und den Braunkohlenteeren ein.

Unsere Kenntnisse über die Zusammensetzung verschiedener torfbildender Pflanzen und über die Zersetzung des Pflanzenmaterials in den Torfmooren lassen auch voraussehen, wie sich die Zusammensetzung der Torfdestillationsprodukte je nach den Veränderungen in der Zusammensetzung des Ausgangsmaterials entsprechend verändern wird. Man kann im voraus behaupten, daß bei der Destillation von Torfen, die sich aus verschiedenen Baumarten gebildet hatten, der Methylalkoholgehalt der Trockendestillationsprodukte viel höher sein wird als in den Fällen, wenn Torfe der Destillation unterworfen werden, die sich bei der Zersetzung von Resten niedriger organisierter Pflanzen (Moose) gebildet hatten. Der Grund dieser Erscheinung ist darin zu suchen, daß das Lignin der Baumarten bedeutend reichhaltiger an Metoxylgruppen (14—15 Proz.) ist als das Lignin der Moose (1,5 bis 2 Proz.).

Auch seitens der Aschenelemente des Torfes bleibt die Zusammensetzung des Urteers nicht unbeeinflußt. Unsere Kenntnisse von dem Einfluß, den Eisenoxyd, welches in fein zerteiltem Zustand in den Torf eingeführt wird, auf die Eigenschaft des Torfes und des aus letzterem gewonnenen Halbkokses ausübt, sowie die Ergebnisse des Studiums der Reaktion der eisenhaltigen Kohle[1]) mit den Phenolen, lassen voraussehen, daß Torfe, deren Asche viel Eisenoxyd enthält, einen relativ phenolarmen Teer liefern werden.

Alles Obenerwähnte läßt es als Tatsache hinnehmen, daß die Zusammensetzung und die Eigenschaften des Urteers aus verschiedenen Torfen in ziemlich weiten Grenzen variieren werden. Für einen und denselben Torf werden sich Ausbeuten, Zusammensetzungen und Eigenschaften des Teers nach Maßgabe der Trockendestillationsbedingungen verändern.

Als Beispiel genügt es, darauf hinzuweisen, daß bei einer Torfverkokung in der Retorte von Ziegler eine kleine Ausbeute an solchem Teer stattfindet, der bei gewöhnlicher Temperatur erstarrt, während bei einer Torfverkokung im Ofen von Domnik ein bei gewöhnlicher Temperatur flüssiger Teer gewonnen wird. Die angeführten Untersuchungsergebnisse muß man daher als Angaben ansehen, die nur ganz im allgemeinen die Torfteere charakterisieren.

Höring[2]) unterzog als erster die Torfteere eingehender Untersuchung. Eine Reihe von Teerproben, die bei der Destillation verschie-

---

[1]) G Stadnikoff, N. Gawriloff u. A. Winogradoff, Brennstoff-Chemie 7 (1926).

[2]) Höring, Moornutzung und Torfverwertung (1915), 265—410.

dener Torfe erzielt wurden, wurden durch Destillation in Fraktionen zerlegt, aus welchen die sauren Produkte mit wässeriger Alkalilösung extrahiert wurden. Die Ergebnisse solcher Untersuchungen von 8 Teerproben sind in der Tabelle LXXII angegeben.

Tabelle LXXII.

Teer	Nummer							
	1	2	3	4	5	6	7	8
Spezifisches Gewicht .	0,935	0,930	—	0,945	0,965	0,965	0,960	0,970
Bei ^{0}C	35	35	—	40	40	40	45	50
Wasser	2,7	1,3	2,7	5,2	3,3	11,3	4,5	16,1
Saure Öle . .	16,7	14,9	13,9	19,4	13,9	12,3	14,2	12,6
Solaröle . . .	5,9	6,5	19,9	3,5	2,7	3,8	6,3	4,3
Leichtes Gasöl	19,9	16,1		17,5	14,2	10,8	10,8	13,5
Schweres Gasöl	20,5	30,2	37,9	30,0	36,3	34,8	42,1	32,2
Paraffin I . .	5,8	6,5	7,2	5,0	6,3	4,4	2,5	3,5
Paraffin II .	0,3	—	—	—	—	—	—	—
Pechrückstand . . .	19,8	19,5	14,7	16,4	18,9	18,3	15,1	12,2
Verluste .	8,4	5,0	3,8	3,0	4,4	4,3	4,5	5,6

Es muß bemerkt werden, daß Höring mit Solaröl die unter 200° siedende Teerfraktion bezeichnet. Leichtes Öl nennt er das Destillat vom Siedepunkt 200° bis zum Destillationsbeginn der Fraktion, welche Paraffinkristalle in der Vorlage absondert. Letztere nennt Höring Paraffinfraktion und trennt sie durch Abpressen in Paraffin und schweres Solaröl.

Besonders eingehend untersuchte Höring Teere aus dem Schwaneburger Torf. Aus diesem Teer extrahierte er mit Schwefelsäure 3 Proz. Basen, bestimmte für verschiedene Fraktionen den Gehalt an Phenolen, ungesättigten, aromatischen und gesättigten Kohlenwasserstoffen. Die Ergebnisse dieser Untersuchung sind in der Tabelle LXXIII angegeben.

Nach dem Verfahren von Holde wurden in der vierten Fraktion 16 Proz. und in der fünften Fraktion 12,8 Proz. Paraffin gefunden.

Bei der Bestimmung des Gehaltes der Teerfraktionen an verschiedenen Kohlenwasserstoffen unterliefen Höring einige Ungenauigkeiten, er beachtete auch nicht die Anwesenheit von Sauerstoffverbindungen in allen Fraktionen. So erscheint z. B. in der ersten

150

Fraktion mit dem Siedepunkt 92—175° der Gehalt an gesättigten
Kohlenwasserstoffen zu hoch, und Hörings Angaben erwecken Zweifel.
Er behandelte die Teerfraktionen mit 66- und 75prozentiger Schwefelsäure und hielt alles, was durch diese Säuren extrahiert wurde, für ungesättigte Kohlenwasserstoffe. Den Rückstand, den er nach solcher Behandlung erhielt, hielt er für eine Mischung gesättigter und aroma-
tischer Kohlenwasserstoffe, die er weiter entweder mit starker Salpeter-
säure (spezifisches Gewicht 1,50), oder mit rauchender Schwefelsäure
behandelte. Die in die Reaktion nicht eingetretenen Kohlenwasserstoffe
sah er für gesättigt an.

Tabelle LXXIII.

Siedepunkt der Fraktion ° C	Ausbeute der Fraktion, Proz. zum Teer	Spezifisches Gewicht Vor der Phenolextraktion	Spezifisches Gewicht Nach der Phenolextraktion	Phenol, Proz. zur Fraktion	Siedepunkt der Phenole ° C	Gehalt in Proz. der Fraktionen gesättigte	Gehalt in Proz. der Fraktionen ungesättigte	Gehalt in Proz. der Fraktionen aromatische
I. 92—175 .	3,2	0,855	0,855	20	175—225	75,6	3,9	—
II. 175—220 .	11,9	0,945	0,855			20,8	36,8	41,4
III. 200—220 .	13,5	0,949	0,875	32,6	180—270	21,6	41,6	32,4
IV. 220—245 .	11,7	0,918	0,895	16,7	180—305	32,3	42,4	25,3
V. 245—275 .	12,2	0,840	0,840					
VI. 250—270 .	7,6			9,7	180—300			
VII. bis 300 . .	5,2							
Rückstand . . .	25,3							
Wasser	5,6							
Gase und Verlust	3,8							

Die erste Teerfraktion behandelte Höring nicht mit starken Säuren
und hielt den ganzen Rückstand nach der Extraktion mit Schwefelsäure für gesättigte Kohlenwasserstoffe. Daher der hohe Gehalt dieser
Fraktion an gesättigten Kohlenwasserstoffen.

Die nächsten vier Fraktionen behandelte Höring mit starken
Säuren und zusammen mit den aromatischen Kohlenwasserstoffen
extrahierte oder oxydierte er jene ungesättigten Kohlenwasserstoffe,
die mit der 75prozentigen Schwefelsäure nicht extrahiert worden waren,
ferner die Sauerstoffverbindungen. Dafür, daß tatsächlich die von
Höring untersuchten Teerfraktionen wenig aromatische Kohlenwasserstoffe enthielten, sprechen die erfolglosen Versuche, aromatische
Sulfosäuren und Nitroverbindungen aus den Produkten der Behandlung mit starken Säuren der Fraktionen zu extrahieren.

Bei seinen Untersuchungen übersah Höring die Anwesenheit zahlreicher Sauerstoffverbindungen im Teer; indessen sind diese wichtige Bestandteile des Teers und verleihen ihm den eigentümlichen Charakter.

Das Laboratorium von Hydrotorf unternahm eine technische Analyse des Torfteers und bestimmte den Gehalt an organischen Verbindungen in einigen seiner Fraktionen.

Für die Kontrolle einer trockenen Torfdestillation ist es außerordentlich wichtig, eine Methode der technischen Teeranalyse zu besitzen. Es ist aber nicht möglich, in diesem Falle durchweg dieselben Methoden anzuwenden, deren man sich bei der Analyse der Braunkohlenteere bedient.

Für die weiteren Untersuchungen wurde der Urteer in einer Drehretorte von Franz Fischer aus Sphagnumtorf mit 13,1 Proz. Wassergehalt gewonnen; die Trockensubstanz des Torfes enthielt 2,8 Proz. Asche und die organische Substanz 60,0 Proz. Kohlenstoff, 6,2 Proz. Wasserstoff und 0,30 Proz. Schwefel. Bei der Destillation erhielt man 42 Proz. Halbkoks, 12 Proz. Teer, 21,5 Proz. Zersetzungswasser und 24,5 Proz. Gase.

Bei der technischen Bewertung des Teers muß man vor allem dessen Wassergehalt kennen. Die Bestimmung des Wassers im Torfteer läßt sich mit denselben Methoden ausführen, welche für diesen Zweck bei der Analyse von Erdöl wie auch Braunkohlen- und Koksteeren angewandt werden. Ein Quantum Teer wird in den Kolben von Würz eingeführt, mit Xylol verdünnt und unter Benutzung eines Kühlers abdestilliert; als Vorlage dient ein Meßzylinder. Nach Beendigung des Versuches mißt man das Volumen des abdestillierten Wassers, welches sich unter der Schicht der Mischung von Xylol mit leichten Teerfraktionen ansammelte.

Diese Methode gibt einwandfreie Resultate bei der Bestimmung des Wassers im Erdöl und in Koksteeren. Bei der Bestimmung des Wassers in Urteeren aus Braunkohlen ist dieses Verfahren mit einem gewissen Fehler behaftet, dessen Höhe vom Gehalt des Teers an wasserlöslichen Substanzen (Azeton und Essigsäure) abhängt. Für gewöhnlich geht der Fehler nicht über die Grenze normaler Fehler bei technischen Analysen hinaus. Beim Torfteer erreicht der Fehler eine bemerkbare Höhe, da der Gehalt des Teers an wasserlöslichen Substanzen (Methylalkohol, Azeton, Methyläthylketon, Essigsäure) bedeutend höher als bei anderen Kohlenteeren ist. Doch ist der Fehler nicht so groß, um auf diese ganz zweckdienliche Methode der Wasserbestimmung verzichten zu müssen.

Bedeutend größeren Schwierigkeiten ist die Bestimmung des Staubes im Torfteer ausgesetzt, indessen ist die dabei ermittelte Zahl für die Bewertung des Teers und die Charakteristik der Destillationsanlage von großer Bedeutung. Der Drehofen von Tissen ergab in Deutschland bei der Torfdestillation einen Teer, welcher bis 50 Proz. Koks- und Torfstaub enthielt und daher gar keinen Wert hatte.

Bei der Bestimmung des Staubes in anderen Teeren wird die Methode der Verdünnung des Teerquantums mit dem 5fachen Volumen Benzol angewandt, daran anschließend, nach sorgfältigem Auswaschen, Wiegen des in dem Filter abgesetzten Staubes.[1]) Bei der Analyse des Torfteers ergibt diese Methode große Fehler, da das Benzol bedeutende Mengen von Teerbestandteilen abscheidet. Anwendung anderer Lösungsmittel zur Verdünnung des Teers zwecks Bestimmung des suspendierten Staubes führt auch nicht zum Ziel, da selbst Äther feste Teerbestandteile (etwa 6 Proz.) absetzt. Der Niederschlag, der sich bei der Verdünnung des Teers mit Äther bildet, besteht nicht aus Torf- oder Koksstaub, da er sich vollständig in Amylalkohol und Pyridin auflöst.[2]) Der elementaren Zusammensetzung nach müssen die Komponenten dieses Niederschlages als komplizierte organische Verbindungen, nicht aber als Torfe und Halbkokse betrachtet werden. Die im kalten Amylalkohol lösliche Substanz enthielt z. B. 81,0 Proz. Kohlenstoff und 11,5 Proz. Wasserstoff, das im heißen Amylalkohol Lösliche 72,1 Proz. C und 7,2 Proz. H.

Auf Grund des Vorhererwähnten muß die Bestimmung des Staubes im Torfteer auf indirektem Wege vorgenommen werden. Zu diesem Zwecke wird die gesamte Substanzenmenge bestimmt, die mit einem 5fachen Benzolvolumen aus einem bestimmten Quantum Rohteer ausgeschieden wird. Diese Menge rechnet man auf trockenen Teer um.

Ein zweites Quantum Teer wird durch ein heißes Filter filtriert, und in einer bestimmten Menge der Teermasse bestimmt man die Menge der mit 5fachem Benzolvolumen abgesetzten Bestandteile: Die Differenz zwischen der ersten und zweiten Bestimmung ergibt den Torf- und Koksstaubgehalt im Teer.

Die größte Schwierigkeit ist bei diesem Bestimmungsverfahren die Filtration des Teers. Vielfache Versuche im Laboratorium von Hydrotorf haben erwiesen, daß Rohteer ohne vorausgehende Lösung in einer Flüssigkeit, die nicht nur Teer, sondern auch Wasser in bedeutenden Mengen lösen (Äther, Alkohol)[3]), nicht filtriert werden kann. Da aber

---

[1]) Holde, Kohlenwasserstofföle und Fette (1924), 385.
[2]) G. Stadnikoff u. N. Titoff, Brennstoff-Chemie **9**, 325 (1928).
[3]) G. Stadnikoff u. N. Titoff, loc. cit.

diese Flüssigkeiten Bestandteile des Teeres absetzen, so ist ihre Anwendung in diesem Fall nicht zulässig. Folgendes Verfahren ist anwendbar: der Teer wird vorher entwässert und dann warm filtriert. Die Entwässerung des Teeres wird durch Destillation des Wassers in einem indifferenten Gas (trockene Kohlensäure) unter Erwärmen auf dem Wasserbad vorgenommen; das Destillat sammelt sich in der Vorlage an. Man sondert die abdestillierten leichten Öle vom Wasser ab, entwässert sie rasch mit frisch geschmolzenem Kalziumchlorid und setzt sie dem im Destillierkolben zurückgebliebenen Teer wieder zu. Beim Erwärmen auf dem Wasserbad wird alles sorgfältig vermischt und durch ein heißes Filter, das, um Verdunstungsverluste zu vermeiden, mit einem Uhrglas bedeckt wird, filtriert. Eine Einwaage des filtrierten Teers wird zur Bestimmung der durch Behandlung mit Benzol abgeschiedenen Substanzen verwandt.

Kennt man den Gehalt an Staub, so läßt sich der übrige Teil der technischen Teeranalyse ohne besondere Schwierigkeiten durchführen.

Mit Wasserdampf destilliert man aus dem Teer 12—15 Proz. Leichtöl, dessen spezifisches Gewicht bei 19^0 zwischen 0,857 und 0,890 schwankt.[1])

Verdünnte Schwefelsäure (10prozentig) extrahiert aus diesem Öl organische Basen, welche aus der Schwefelsäurelösung mit Alkalien ausgeschieden und mit Äther ausgezogen werden können. Der erhaltene Extrakt wird über geschmolzenem Ätzkali entwässert, filtriert und aus dem Wasserbad abdestilliert. Man trocknet den Rückstand im Vakuum-Exsikkator bis zum konstanten Gewicht und wiegt. Der Basengehalt des Leichtöls beträgt 3 Proz. auf Leichtöl und 0,4—0,5 Proz. auf ganzen Teer gerechnet.

Ätzkalilösung von 5 Proz. extrahiert aus dem leichten Öl saure Produkte, welche sich nach Zusatz von überschüssiger Schwefelsäure in freiem Zustand aus der alkalischen Lösung ausscheiden; die sauren Produkte können mit Äther ausgezogen und nach Entwässerung und Abdampfen des Lösungsmittels gewogen werden.

Der Gehalt an sauren Produkten beträgt ungefähr 16—20 Proz. des Leichtöles und etwa 2,5—3 Proz. des ganzen Teers.

Nach Entfernung der organischen Basen und sauren Verbindungen sinkt das spezifische Gewicht des Leichtöles (des neutralen) sehr stark und schwankt gewöhnlich zwischen 0,83—0,86 für Sphagnumtorföle und 0,79—0,80 für Carextorföle.

---

[1]) G. Stadnikoff u. N. Titoff, Brennstoff-Chemie **9**, 325 (1928); Hydrotorf (1927), IV. Teil, 39.

Das neutrale Leichtöl enthält viel ungesättigte Verbindungen; seine Jodzahl beträgt 100—110.

Bei Destillation unter gewöhnlichem Druck zerfällt das Öl etwa in folgende Fraktionen:

I.   bis 100° 8,5 Volumenproz. neutrales Öl
II. 100—150° 11,5   ,,   ,,   ,,
III. 150—200° 34,0   ,,   ,,   ,,
IV. 200—250° 32,3   ,,   .,   ,,
V. 250—300° 10   ,,   ,,   ,,
VI. Rückstand 3,7   ,,

Die Fraktionen des neutralen Öls enthalten gesättigte und ungesättigte Verbindungen, unter denen sich Kohlenwasserstoffe, sauerstoff- und schwefelhaltige Verbindungen befinden.

Die Jodzahlen und die elementare Zusammensetzung der Fraktionen sind in der Tabelle LXXIV angegeben.

Tabelle LXXIV.[1])

Fraktionen	C	H	S	C+H+S	O	Jodzahl
100—150°	78,5	11,5	0,16	90,16	9,84	136,0
150—200°	86,1	11,4	0,15	97,65	2,35	123,4
200—250°	84,3	11,4	0,12	95,82	4,18	107,0
250—300°	85,4	11,8	0,14	97,34	2,66	102,0

Der Rückstand des Teers, den man nach der Destillation des Leichtöls mit Wasserdampf erhält, bildet eine dicke schwarzgefärbte Masse, die bei Zimmertemperatur eine bedeutende Menge kristallinischer Substanzen enthält und daher fast unbeweglich ist. Um das Wasser zu entfernen, muß die Masse auf siedendem Wasserbad stehen bleiben.

Der vom Wasser abgesonderte Rückstand, den man Gudron nennen kann, wird mit 5facher Menge Leichtbenzin zum Niederschlagen der Asphaltene verdünnt. Letztere sind dunkelgefärbte amorphe Substanzen, deren Zusammensetzung je nach der Herkunft in recht weiten Grenzen schwankt.

Die Untersuchungen von A. N. Sachanoff[2]) haben erwiesen, daß Naphthaasphaltene in schweren Ölen aufquellen und allmählich in kolloide Lösung übergehen; aus dieser Lösung scheiden sie sich beim Verdünnen mit Leichtbenzin aus. Auch Asphaltene des Torfteers lösen

[1]) G. Stadnikoff u. N. Titoff, loc. cit.
[2]) Neftjanoje Chosjaistwo, Erdölwirtschaft (russisch) (1927), 334.

sich kolloid in schweren Fraktionen unter Aufquellen und scheiden sich bei Zugabe von Leichtbenzin aus diesen Lösungen ab. Doch scheiden sich aus Torfteer zusammen mit Asphaltenen auch solche Substanzen ab, die sich, wie schon früher erwähnt, beim Verdünnen des Teers mit Benzol oder Äther absetzen. Endlich kann sich aus dem Gudron des Torfteers, wie auch aus anderen schweren Rückständen, beim Verdünnen mit Leichtbenzin in 5fachem Volumen Paraffin ausscheiden, was auch in Wirklichkeit beobachtet wurde. In Anbetracht dessen soll man nicht den vom Gudron abgesetzten Niederschlag für Asphaltene halten und ihn nach dem Filtrieren wiegen, sondern der abfiltrierte Niederschlag wird sorgfältig mit Benzin ausgewaschen, zusammen mit dem Filter im Soxhletapparat zur Extraktion des Paraffins mit Leichtbenzin behandelt. Danach werden die Asphaltene mit Benzol, in dem sie sich gut lösen, extrahiert. Der im Benzol ungelöste Rückstand wird mit Chloroform extrahiert.

Das mit Benzin extrahierte Paraffin wird nach völliger Entfernung des Lösungsmittels gewogen und der erhaltene Wert zum Werte hin zugezählt, welchen man beim Abscheiden des Paraffins durch Azetonzusatz festgestellt hatte.

Die ausgezogenen Asphaltene bilden nach völliger Beseitigung des Benzols eine viskose, zähe, schwarzgefärbte Masse, sind, wie auch andere Asphaltene, lichtempfindlich und fallen bei direkter Sonnenbestrahlung aus der Benzollösung aus, indem sie sich in ein festes Produkt verwandeln, das sich nunmehr weder im Benzol noch im Chloroform löst.

Der Gehalt des Torfteers an Asphaltenen erreicht die Höhe von 11—12 Proz.

Da die Asphaltene bei der Lichteinwirkung in einen unlöslichen Zustand übergehen, so muß man bei der Behandlung die Apparatur nach Möglichkeit vor Sonnenlicht schützen.

Das mit Chloroform ausgezogene Produkt stellt eine brüchige Substanz von der Zusammensetzung

$$C = 61{,}4 \text{ Proz. und } H = 5{,}55 \text{ Proz. dar.}$$

Seiner Zusammensetzung nach ist diese Substanz jenem Produkt, das sich beim Verdünnen mit Äther aus dem Teer ausgeschieden hatte und für welches

$$C = 61{,}5 \text{ Proz. und } H = 5{,}4 \text{ Proz.}$$

gefunden wurden, ähnlich.

Die Benzinlösung des Gudrons wird nach ihrem Abfiltrieren von den Asphaltenen zur Entfernung des Lösungsmittels auf dem Wasserbad einer Destillation unterzogen. Der gewonnene Gudron, frei von Asphaltenen und anderen leicht absetzbaren Substanzen, wird mit dem 5fachen Volumen Azeton vermischt und 10—12 Stunden bis zum vollständigen Niederschlagen des Paraffins in Eis gekühlt. Dann wird das Paraffin auf einen gekühlten Trichter mit einer Pumpe abfiltriert, mit kaltem Azeton gewaschen und gewogen. Das erhaltene Paraffin ist durch die Harze dunkel gefärbt, und wird Rohparaffin genannt. Sein Gehalt im Sphagnumtorfteer beträgt 10—12 Proz.

Das Rohparaffin kann man von den ihm beigemengten Harzen mit Hilfe von Absorbenten, wie Silikagel, Floridin u. a. befreien. Bei Erwärmung auf dem Wasserbad wird eine Rohparaffinmasse mit der 4fachen Gewichtsmenge aktivierten Silikagels vermischt und die Mischung im Soxhlet mit Leichtbenzin (Siedepunkt bis 75^0) ausgezogen. Man erhält gelbgefärbtes Paraffin. Der reine Paraffingehalt des Urteers beträgt 7 Proz.

Gereinigtes Paraffin aus Torfteer stellt nicht eine Mischung gesättigter Kohlenwasserstoffe, wie das Naphthaparaffin, dar, sondern besteht aus gesättigten und ungesättigten Kohlenwasserstoffen, neutralen Sauerstoffverbindungen, Säuren und deren Anhydriden.

Die Zusammensetzung des Paraffins ist: C 82,9 Proz. und H 12,4 Proz.

Für solches Paraffin wurden gefunden: Jodzahl 45, Säurezahl 18 und Verseifungszahl 34.

Die vom Silikagel zurückgehaltenen Harze werden mit Benzol ausgezogen, sie bilden eine zähe schwarzgefärbte Substanz von folgender Zusammensetzung:

$$C\ 74,6\ Proz.,\ H\ 9,7\ Proz.\ und\ S\ 0,39\ Proz.$$

Man soll nicht außer acht lassen, daß verschiedene Adsorbenten das Paraffin in verschiedenem Maße von den Teerzusätzen befreien: außerdem wirken verschiedene Adsorbenten auf verschiedene Weise auf die von ihnen adsorbierten Teere. Floridin z. B. kann Polymerisation einiger ungesättigter Verbindungen hervorrufen[1]), es ist sehr möglich, daß es auch eine gewisse Polymerisation der Harze bewirkt, die dadurch benzolunlöslich werden. Daher sind die Harze, die durch verschiedene Adsorbenten adsorbiert werden, voneinander zu unterscheiden. In der chemischen Technologie unterscheidet man Silikagelharze von Floridinharzen.

---

[1]) S. Lebedeff, Ber. **58**, 163 (1925); L. G. Hurwitsch, Journ. d. Russ. Chem. Ges. **47**, 823 (1915).

Das Filtrat vom Rohparaffin wird zur Entfernung des Azetons auf dem Wasserbad zuerst bei gewöhnlichem Druck und zum Schluß im Vakuum destilliert.

Der zurückgebliebene Gudron, von Asphaltenen, einem Teil der Harze und dem Paraffin befreit, wird mit dem 5fachen Volumen Benzol verdünnt. und nacheinander extrahiert man aus der Lösung die organischen Basen mit 5prozentiger Schwefelsäure und die sauren Verbindungen mit 10prozentiger wässeriger Lauge.

Gudron enthält an organischen Basen 0,44 Proz. und an sauren Produkten 7,0 Proz. vom Teer.

Gudron liefert nach der Abdestillierung des Benzols bei 25 mm Hg in Proz. vom Teer:

$$
\begin{array}{llll}
1. & \text{Fraktion} & \text{bis } 100^0 & 2,7 \\
2. & \text{,,} & 100-150^0 & 3,6 \\
3. & \text{,,} & 150-200^0 & 5,8 \\
4. & \text{,,} & 200-220^0 & 4,5 \\
& \text{Rückstand über } 220^0 & & 22,7 \\
& \text{Verlust} & & 3,1
\end{array}
$$

Hochsiedende Teerfraktionen enthalten sehr viel Sauerstoffverbindungen. Die Ergebnisse solcher Analysen sind in der Tabelle LXXV angegeben.

Tabelle LXXV.[1])

Fraktion bis ^{0} C	Proz. an					Jodzahl
	C	H	S	C+H+S	O	
bis 100	83,0	10,0	0,13	93 13	6,87	20,0
100—150	83,6	9,9	0,15	93,65	6,35	74,3
150—200	83,5	10.2	0,18	93,88	6,12	77,6
200—220	85,6	10,1	0,15	95,85	4,15	65,1

Der Rückstand der Vakuumdestillation des Gudrons bildet eine dicke, fast unbewegliche schwarz gefärbte Masse; durch Behandlung mit Silikagel kann man diesen Rückstand in folgende Bestandteile zerlegen in Proz. vom Teer:

1. Benzinlösliches 12
2. Benzollösliche Harze . . . . · 2,7
3. Benzollösliche feste Substanzen 0,9
4. Schwefelkohlenstoffunlösliches, schwarze feste Substanzen dem Aussehen nach Kohle ähnlich 6,8

[1) G. Stadnikoff u. N. Titoff, Brennstoff-Chemie **9**, 326 (1928).

158

Die in Benzin lösliche Substanz ist gelb gefärbt und ähnelt in ihrer Konsistenz Vaselin; sie enthält bedeutende Mengen Sauerstoffverbindungen, wie aus dem Resultat der Elementaranalyse ersichtlich ist:

C 84,2 Proz. und H 11,6 Proz.

Die mit Benzol extrahierten Harze bilden eine dicke dunkelbraun gefärbte Masse von der Zusammensetzung:

C 78,1 Proz., H 9,8 Proz. und S 0,57 Proz.

Auf diese Weise enthält Urteer aus Sphagnumtorf folgende technisch wichtige Bestandteile in Proz.:

1. organische Basen 0,32
2. saure Produkte 9,7
3. leichte neutrale Öle 15,0
4. schwere neutrale Öle 16,6
5. Rohparaffin 11,2
6. Destillationsrückstand 22,7
7. Asphaltene 11,6
8. Silikagelharze 13,8
9. mit Äther ausfällbare Substanzen 6,0

Torfteer zeichnet sich somit durch hohen Gehalt an Asphaltenen und Harzen aus.

Die organischen Basen des Teers sind bisher nicht untersucht worden.

Die saure Fraktion des Torfteers kann man in zwei Teile zerlegen: Karbonsäuren, die aus der Mischung mit einer wässerigen Lösung von Natriumbikarbonat ausgezogen werden, und Phenole, die nur in Ätzalkalilösungen löslich sind.

Der Gehalt an Karbonsäuren beträgt 0,2—0,3 Proz. des Teers[1]. Die erste vorläufige Untersuchung dieser Säuren stellte Höring[2] an, der zu dem Schluß kam, daß sie zu den Fettsäuren gehören und „wahrscheinlich" aus einer Mischung von „Valeriansäure und ihren Homologen bis Pelargonsäure" bestehen.

Jetzt können wir schon mit vollem Recht behaupten, daß die Säuren des Torfteers aus einer Mischung gesättigter und ungesättigter Monokarbonsäuren der Fettreihe mit 6—9 Kohlenstoffatomen im Molekül bestehen.

---

[1] G. Stadnikoft u. W. Sabawin, Brennstoff-Chemie **10**, 1 (1929).
[2] Höring, Moornutzung und Torfverwertung (1915), 354.

Die Phenolfraktion des Teers besteht aus der Mischung einer großen Anzahl von Individuen. Bei der Destillation dieser Mischung erhielt Höring[1]) folgende Fraktionen in Proz.:

1. 180—190° 6,2
2. 190—200° 26,5
3. 200—203° 9,7
4. 203—210° 15
5. 210—220° 10,7
6. 220—230° 11,4
7. Rückstand über 230° 15,4

Die Untersuchungen des Laboratoriums von „Hydrotorf" geben im ganzen dasselbe Bild. Eine dreifach fraktionierte Destillation der rohen Phenole lieferte folgende Fraktionen in Proz.[2]):

1. 175—190° 2
2. 190—207° 16,2
3. 207—209° 4,0
4. 209—213° 5,0
5. 213—218° 9,5
6. 218—223° 6,5
7. 223—233° 8,0
8. über 233° 47,0

Der über 233° bleibende Rückstand enthält viele harzige Substanzen. Durch Lösen in Leichtbenzin kann man diesen Rückstand in ein flüssiges Produkt (90 Proz.) und eine schwarz gefärbte pechartige Substanz zerlegen. Nach der Abdestillierung des Benzins

[1]) Moornutzung und Torfverwertung (1915), 325—353.
[2]) Unveröffentlichte Arbeit von W. J. Sabawin.

Tabelle LXXVI.

Siedepunkt der Ausgangsfraktionen der Phenole	Mengen der Ausgangsfraktionen g	Ausbeute des Methyläthers g	Ausbeuten der Methylätherfraktionen nach zwei fraktionierten Destillationen in Proz.												
			161 bis 170°.	170 bis 173°	173 bis 180°	180 bis 190°	190 bis 195°	195 bis 200°	200 bis 205°	205 bis 210°	210 bis 215°	215 bis 220°	220 bis 230°	Rückstand der ersten Destillation	Rückstand der zweiten Destillation
190—207°	150	151	7,6	9,9	27,1	42,3	13,6	10,6	9,9	5,7	4,1	3,5	—	9,9	3,6
207—213°	109,6	115,9	—	—	9,9	29,7	17,2	15,0	11,6	6,8	4,2	5,0	6,1	3,7	3,0
213—218°	122,8	127,2	—	—	1,4	20,2	19,6	23,3	14,5	9,6	8,2	6,8	9,0	7,4	5,0
218—223°	109,1	115,1	—	—	—	2,2	8,3	16,8	19,2	13,8	10,1	11,9	11,1	12,5	6,1
223—233°	135,3	141,5	—	—	—	—	—	7,0	18,8	21,3	17,2	17,4	17,1	31,2	8,8

zerfallen die flüssigen hochsiedenden Phenole bei 18 mm Hg in folgende Fraktionen in Proz.:

1. 120—140⁰	15,7		4. 190—220⁰	25,6
2. 140—155⁰	14,4		5. über 220⁰	15,5
3. 155—190⁰	21,0		Verlust . .	7,7

Die Siedetemperaturen der Fraktionen, die man bei der Destillation der Phenole unter gewöhnlichem Druck erhält, können nicht als Grundlage dienen, um daraus einen Schluß über ihren Gehalt an Homologen des Phenols zu ziehen. Eine dreimalig fraktionierte Destillation einer komplizierten Mischung kann überhaupt nicht zur Ausscheidung mehr oder weniger reiner Produkte führen; dasselbe muß man auch hinsichtlich der Trennung der Phenolmischung durch Destillation sagen. Dies ersieht man aus den Ergebnissen, die bei der Destillation von Methylierungsprodukten einzelner Phenolfraktionen erhalten und in der Tabelle LXXVI zusammengestellt wurden.

Aus der Tabelle LXXVI ist zu ersehen, daß die Siedepunkte der Methyläther, die aus den einzelnen Phenolfraktionen erhalten wurden, um 50 und mehr Grad auseinandergehen. Es braucht deshalb nicht zu verwundern, wenn Hörings Versuche, einzelne Phenolfraktionen in individuelle Verbindungen durch Kristallisation der Bariumphenolate zu zerlegen, keine Möglichkeit gaben, sich auch annähernd eine Vorstellung über das quantitative Mengenverhältnis zwischen den Phenolen der einzelnen Fraktionen zu bilden. Höring konnte nur qualitativ die Anwesenheit von Phenol, drei isomeren Kresolen, Xylenol und Guajakol in der sauren Teerfraktion beweisen.

Die Anwendung der Methode von Raschig zur Bestimmung des m-Kresols führte zu Ergebnissen, die in der Tabelle LXXVII zusammengestellt sind[1]) in Proz.:

Tabelle LXXVII.

Fraktionen	Nitriert		Ausbeute der Nitroprodukte		Kresolgehalt	
	I	II	I	II	I	II
190—207⁰ . .	10,14	—	3,29	—	18,65	—
207—209⁰ . .	10,03	10,00	2,86	2,84	16,39	16,30
209—213⁰ . .	10,18	10,07	3,08	3,03	17,39	17,29

[1]) **Raschigs Verfahren ist darauf begründet, daß bei energischem Nitrieren der sulfurierten Kresole die Ortho- und Paraisomeren verbrennen, das Metaisomer aber sich in Trinitrokresol verwandelt. Bei Anwesenheit von Phenol ist Raschigs Methode nicht anwendbar, da sich Phenol in Pikrinsäure verwandelt, die man quantitativ von Trinitro-m-Kresol nicht trennen kann.**

Die Zahlen der Tabelle LXXVII haben selbstverständlich nur relative Bedeutung. Die Destillationsergebnisse für die Methyläther der Phenolfraktionen lassen annehmen, daß die Fraktion 190—207° gewöhnliches Phenol enthielt; folglich erhielt man also beim Nitrieren dieser Fraktion zusammen mit Trinitro-m-Kresol auch Pikrinsäure. Die beiden anderen höher siedenden Fraktionen enthielten Xylenole, die in der Bestimmungsmethode für m-Kresol auch eine gewisse Ungenauigkeit zur Folge hatten; jedenfalls stellte das erhaltene Nitroprodukt kein reines Trinitro-m-Kresol dar, da es bei der Trocknung im Wasserschrank zu einer dicken rotbraun gefärbten Flüssigkeit schmolz.

Über die qualitative Zusammensetzung der sauren Fraktion des Torfteers sowie über deren Gehalt an höchsten Homologen des Phenols kann man nach den Ergebnissen einer Reduktion der Mischung dieser Phenole mit aktiver Kohle urteilen.[1]) Die für die Reduktion benutzten Phenole siedeten bei Grad C und ergaben Volumenproz.:

212—220	37,9	
bis	230	80,2
,,	240	93,2
,,	250	97,4, Rückstand über 250.

Die bei der Reduktion der Phenole erhaltenen Kohlenwasserstoffe siedeten bei Grad C und lieferten in Volumenproz.:

95—110	9,9	
bis	120	33,0
,,	130	46,2
,,	140	66,0
,,	150	75,9
,,	160	82,5
,,	170	85,8
,,	220	92,4, Rückstand über 200°.

Die Siedegrenzen der Kohlenwasserstoffe zeigen, daß die erhaltene Mischung hauptsächlich aus Xylolen und höhersiedenden Homologen des Benzols bestand; daraus ist zu schließen, daß die saure Fraktion des Torfteers außer Kresolen eine bedeutende Menge an Xylenolen und anderen Homologen des Phenols enthält.

Die neutralen Öle des Torfteers sind zurzeit noch sehr wenig erforscht. Wir können nur sagen, daß diese Öle aus einer Mischung von Ketonen, gesättigten und ungesättigten Kohlenwasserstoffen der

---

[1]) G. L. Stadnikoff, Hydrotorf (1927), IV. Teil, 53.

162

Fettreihe, zyklischen Kohlenwasserstoffen und Homologen des Benzols bestehen.

Die niedrigste Fraktion des Leichtöls (Siedepunkt 50—80⁰) enthält Azeton und Hexylen. Die Anwesenheit von Azeton wird durch die Reaktion mit Jodoform und durch Bildung von Dimethylphenylkarbinol bei Prüfung dieser Fraktion mit Phenylmagnesiumbromid erkannt. Das Vorkommen des Hexylens ist durch die Analyse des ausgeschiedenen Kohlenwasserstoffes und des aus ihm gewonnenen Bromids $C_6 H_{12} Br_2$[1]) bewiesen.

Die Fraktion 80—110⁰ enthält das Keton $C_5 H_{10} O$.

Die Fraktion 110—140⁰ enthält das Keton $C_7 H_{14} O$, ungesättigte Kohlenwasserstoffe $C_7 H_{14}$, $C_8 H_{16}$, $C_7 H_{12}$, $C_8 H_{14}$, gesättigten Kohlenwasserstoff $C_8 H_{18}$ und aromatische Kohlenwasserstoffe $C_8 H_{10}$ und $C_9 H_{12}$.

Die Fraktion 140—170⁰ enthält auch ein Keton $C_7 H_{14} O$, Kohlenwasserstoffe $C_8 H_{14}$, $C_9 H_{16}$, $C_{10} H_{18}$, einen aromatischen Kohlenwasserstoff $C_9 H_{12}$, Nonanaphten $C_9 H_{18}$ und Nonan $C_9 H_{20}$.

Die Fraktion 170—190⁰ enthält das ungesättigte Keton $C_9 H_{14} O$, den ungesättigten Kohlenwasserstoff $C_{10} H_{18}$, ferner den aromatischen Kohlenwasserstoff $C_{10} H_{14}$, ein Dekan $C_{10} H_{22}$ und ungesättigte Kohlenwasserstoffe der Fettreihe.

Die höchsten Fraktionen des Leichtöls müssen auch aus Ketonen, gesättigten und ungesättigten Kohlenwasserstoffen der Fettreihe und Homologen des Benzols bestehen. Die Analyse dieser Fraktionen beweist, daß sie einen bedeutenden Prozentgehalt an Sauerstoffverbindungen enthalten. Die Anwesenheit der einbasischen Säuren der Fettreihe im Torf, welche teilweise auch in den Teer übergehen, sowie der Gehalt an Salzen dieser Säuren erklären die Bildung von Ketonen der Fettreihe bei der Trockendestillation des Torfes.

Die Anwesenheit von Wachs- und Fettsäuren erklärt ebenfalls die Bildung von gesättigten und ungesättigten Kohlenwasserstoffen der Fettreihe.[2])

Hinsichtlich der aromatischen Kohlenwasserstoffe ist anzunehmen, daß sie ihre Entstehung der Reduktion der Phenole durch Torfhalbkoks, der in der Gegenwart von Eisen eine außerordentlich hohe Aktivität zeigt, verdanken. Bei einer Trockendestillation des Torfes können

---

[1]) Nach einer unveröffentlichten Arbeit von N. G. Titoff aus dem Laboratorium von Hydrotorf.

[2]) Engler u. Lehmann, Ber. **30**, 2367 (1897); G. Stadnikoff u. E. Iwanowsky. Brennstoff-Chemie **9**, 245 u. 261 (1928).

zweifellos Reduktionsprozesse von Phenolen stattfinden, welche beim Durchfließen der Phenole über aktiver Kohle vor sich gehen.[1]

Unsere oben dargelegten Erfahrungen über die Zusammensetzung des Torfteers sind äußerst mangelhaft und geben keine Möglichkeit, eine technische Bewertung dieses Teers durchzuführen. Doch können wir im allgemeinen sagen, daß Torfteer nicht als Material zur Gewinnung leichter Brennöle (Benzine) dienen kann, da er sehr viel Sauerstoffverbindungen und ungesättigte Kohlenwasserstoffe enthält. Viel eher kann man von einer Ausnutzung des Torfteers zur chemischen Herstellung verschiedener Produkte sprechen. Hier kommen vor allem für die mittleren Teerfraktionen die Herstellung vcn guten Firnissurrogaten und trocknenden Lösungsmitteln für Harz- und Asphaltlacke in Frage, da diese Fraktionen sehr reich an ungesättigten Kohlenwasserstoffen sind, die zur Polymerisation und Oxydation fähig sind, wie auch an Ketonen, die gute Lösefähigkeit für Harze und Asphaltene zeigen.

Der hohe Harz- und Asphaltengehalt der Gudrone aus Torfteer berechtigt, an die Verarbeitung der Teerrückstände zu asphaltartigen Lackharzen zu denken.

---

[1] G. Stadnikoff, Hydrotorf (1927), IV. Teil, 47.

Autorenregister.

Sachregister.

A

Abpressen des Torfes 61—69
Adsorptionswasser 9, 10, 11
Aceton 151, 162
Albumin 13
Aluminiumsulfat 20, 21
Anthrazit 2
Apokrensäure 121
Asche des Torfes 73, 74, 75
Asche sekundäre 73
Asphaltene 154, 155, 158

B

Basen organische 153, 157, 158
Bestaubung des Torfes 63, 66, 67, 68
Bitumen A. 103, 117
— B. 103, 117
Bitumenbildner 118, 119
Bituminöse Kohle 102
Bogheadkohle 116
Braunkohle 116, 133, 144
— Kasseler 128
Brennbare Oele 163

C

Carex 62, 90, 92
Carextorf 15, 62, 105
Chlor—koagulierende Wirkung 22, 23

D

Dampfbehandlung des Torfes 18, 59
Dekan 162
Dioxybenzoesäure 134
Dissoziation hydrolytische 128

E

Eisenoxyd 19, 20, 68, 132
Eiweißstoffe 14, 122
Enolhydroxyl 128
Entwässerung des Torfes künstliche 57
— — — nach Alexanderson 60
— — — — Ekenberg 59
— — — — Hydrotorf 68, 69
— — — — Madruck 61
— — — — Schwerin 60
— — — unter natürlichen Bedingungen 49, 50, 51, 52, 53

Entwässerung des Torfes koagulierten 51
— — — nicht koagulierten 52
Eriophorum vaginatum 95, 105, 106, 107

F

Fellingsche Lösung 97
Fette 118
Firnissurrogate 163
Floridin 156
Fraktionen neutrale des Teeres 112
— saure — — 159—161
Fulvosäuren 122

G

Gegendruck des Wasserdampfes 36, 37
Geinsäure 121
Geschwindigkeit der Torfentwässerung 43
Gips 24—29
Gudron 154, 155, 156, 157
Gummiarabicum 13

H

Halbkoks 87, 88, 89
Harze 4, 91, 92, 118, 123, 156, 157
Heptan 162
Heu 11
Hexosen 140
Hexylen 162
Holzsubstanz 14
Humate 74, 75, 126, 128, 129, 130, 131, 132
Humin 121, 122
Huminsäure 5, 14, 72, 94, 97, 100, 120, 122, 133, 134, 135, 137, 140
Humussäure 121, 122, 125
Hydrochinon 135
Hydrolyse 112, 128, 129
Hydromasse 23, 25, 28, 68, 69, 108
Hydrotorf 57, 195
Hymatomelansäure 122

I

Imbibitionswasser 9, 13
Isophtalsäure 134
Jodzahl 107, 109, 112, 154, 156, 157

Einführung in die chemische Technologie der Brennstoffe

Brennstoffe Unter Mitarbeit von Dr. D. Aufhäuser (Hamburg), Prof. Dr. E. Graefe (Dresden), Prof. Dr. G. Keppeler (Hannover), Dr. R. Kissling (Bremen), Dr. H. Menzel (Dresden), Dipl.-Ing. F. Schreiber (Breslau), Dr.-Ing. W. Schroth (Dresden). Herausgegeben von Prof. Dr. phil. Dr.-Ing. e. h. **Edm. Graefe,** Dresden. VII und 197 Seiten stark, mit 91 Abbildungen. (1927.) Preis RM. 10.—, gebunden RM. 11.50.

INHALT: Theorie der Verbrennung — Die Steinkohlenveredlung — Leuchtgas — Industriegas — Braunkohle — Braunkohlenteerindustrie — Schieferteerindustrie — **Torf.** Von G. Keppeler. Moore — Rohtorf — Gewinnung des Torfes — Brenneigenschaften — Vergasung — Verkohlung — Das Erdöl — Prüfungsmethoden für feste und flüssige Brennstoffe.

. . . so ist denn ein Buch entstanden, das in anschaulicher Darstellung, unterstützt von einer großen Anzahl guter Abbildungen, einen vorzüglichen Überblick über die in den einzelnen Industriezweigen bewährten Verfahren und apparativen Einrichtungen zur Gewinnung und Aufbereitung von Brennstoffen und der aus ihnen gewonnenen Produkte gewährt.

(Asphalt- und Teerindustrie.)

Braunkohle

Braunkohle und ihre chemische Verwertung. Von Dr. **Arthur Fürth,** Abteilungsdirektor bei der Werschen-Weißenfelser Braunkohlen-Aktiengesellschaft. (Band XI der „Technischen Fortschrittsberichte".) VIII und 135 Seiten, mit 8 Abbildungen und zahlreichen Tabellen. (1926.) Preis RM. 7.—, in Leinen gebunden RM. 8.20.

INHALT: Wirtschaftliches — Wissenschaftliche Untersuchungen — Schwelerei und Vergasung der Braunkohle — Aufarbeitung des Teers — Herstellung niedrigsiedender Kohlenwasserstoffe aus hochsiedenden — Gewinnung von Leichtölen aus Schwelgasen — Synthetische Verfahren zur Herstellung leichter Motorbetriebsstoffe — Raffination — Herstellung von Schmieröl und sonstigen Spezialölen — Gewinnung und Verwertung der Phenole — Paraffine, deren Gewinnung, Reinigung und Verwertung — Montanwachs — Besondere chemische Verarbeitungsmethoden von Braunkohle — Trocknung und Brikettierung — Patentverzeichnis — Autoren- und Sachregister.

Das Buch vermittelt einen ausgezeichneten Überblick über die neueren Verfahren und Methoden zur Veredlung der Braunkohle und zur Gewinnung und Verwertung der aus ihr gewonnenen Produkte. Das Buch stellt eine wertvolle Bereicherung der Fachliteratur dar.

(Zeitschr. f. angew. Chemie, 1927, Nr. 6.)

Mineralöle

Mineralöle Von Dr. **Egon Eichwald,** Hamburg. (Band VII der „Technischen Fortschrittsberichte".) VIII und 151 Seiten, mit 9 Abbildungen. (1925.) Preis RM. 6.—, in Leinen gebunden RM. 7.20.

INHALT: Entstehung und Konstitution — Analyse — Gewinnung des Erdöls — Destillation und Krackung — Raffination — Abfallprodukte der Raffination. Asphaltstoffe — Chemische Umwandlungen — Die Verwendungsgebiete — Physikalische Eigenschaften, bearbeitet von Dr. Hans Vogel.

Soweit es dem Verfasser möglich war, haben alle die Mineralölchemie und die Mineralöltechnik betreffenden Neuerungen und Fortschritte der Kriegs- und Nachkriegszeit Berücksichtigung gefunden, so daß das Werk einen Überblick über den augenblicklichen Stand dieser Industrie bietet. — Alles in allem wird das sich durch seinen reichen Inhalt und seine übersichtliche Behandlung des Stoffes auszeichnende Buch sich bei zahlreichen Freunden Eingang verschaffen.

(Teer.)

Kokereiwesen

Kokereiwesen Von Dozent Dr. **H. Hock** (Bergakademie Clausthal). (Band XXI der „Technischen Fortschrittsberichte".) VIII, 168 Seiten mit 31 Abbildungen. (1930.) Preis RM. 14.—, gebunden RM. 15.50.

INHALT: 1. Allgemeines. — 2. Die Rohkohle: a) Entstehung der Kohlen, b) Kohlenpetrograph. Zusammensetzung, c) Aufbereitung der Kokskohle, d) Vorbereitung der Kokskohle, e) Untersuchungsmethoden. — 3. Die Verkokung: a) Vorgänge bei der Koksbildung, b) Koksöfen. — 4. Der Koks: a) Weiterverarbeitung nach dem Drücken, b) Verwendung und Eigenschaften des Kokses. — 5. Das Rohgas und seine Verarbeitung: a) Kühlung und Teerscheidung, b) Weiterverarbeitung des Teers, c) Ammoniak-Gewinnung und -Verarbeitung, d) Reinigung (Entphenolung) des Gaswassers, e) Benzolgewinnung, f) Gasreinigung, g) Verwendung des Gases, h) Zerlegung und Umwandlung des Koksofengases. Autoren- und Sachregister.

Es wird hier ein umfassender Überblick über alle neuesten Errungenschaften, Erfahrungen, Verfahren und Entwicklungstendenzen im Kokereiwesen geboten unter besonderer Berücksichtigung der Literatur der letzten 10 Jahre.

Industrie der Holzdestillationsprodukte

Von Dr. **G. Bugge,** Konstanz. (Band XV der „Technischen Fortschrittsberichte".) 206 Seiten mit 32 Abbildungen und zahlreichen Tabellen. (1927.) Preis RM. 15.—, gebunden RM. 16.50.

INHALT (Hauptkapitel): Physikalische und chemische Eigenschaften des Holzes — Die thermische Zersetzung des Holzes — Technik der Holzverkohlung — Aufarbeitung der Holzdestillate — Essigsäure — Azeton — Methanol — Formaldehyd-Holzteer — Holzkohle — Analyse der Holzverkohlungserzeugnisse.

Es ist nicht Lehrbuch, sondern ein Fortschrittsbericht, in welchem auch alle Methoden beschrieben werden, welche gegenwärtig noch im Versuchsstadium sich befinden. Die sehr umfangreichen Literaturnachweise gestatten es, sich über solche Verfahren leicht weiter zu unterrichten. Das Werk kann allen, welche sich mit der Holzverkohlungsindustrie oder deren Erzeugnissen beschäftigen, warm empfohlen werden. *(Zeitschr. f. angew. Chemie, 1928, Nr. 15.)*

VERLAG VON THEODOR STEINKOPFF, DRESDEN UND LEIPZIG

Die Huminsäuren.

Chemische, physikalische und bodenkundliche Forschungen. Von Dr. **Sven Odén,** Professor an der Universität Stockholm. Zweite Auflage. 200 Seiten mit 21 Abbildungen und zahlreichen Tabellen. Preis RM. 6.50.

Fühlings Landwirtschaftliche Zeitung. 69. Jahrgang, Heft 9—10: Der Verfasser des vorliegenden Werkes hat sich eingehend an der Klärung der Anschauungen über die Chemie der Humusstoffe beschäftigt und gibt hier eine schöne Zusammenfassung der Chemie und der physikalischen Chemie der natürlichen Huminsäuren, die insbesondere für den Landwirt großes Interesse hat.

Die Bodenkolloide.

Von Prof. Dr. **Paul Ehrenberg,** Breslau. **Eine Ergänzung für die üblichen Lehrbücher der Bodenkunde, Düngerlehre und Ackerbaulehre.** Dritte, vermehrte und verbesserte Auflage. Großoktav, 717 Seiten mit zahlreichen Abbildungen. Preis brosch. RM. 24.—, in Leinen geb. RM. 27.—.

Mitteilungen der Deutschen Landwirtschafts-Gesellschaft: ... Unermüdlicher Fleiß, mehr als gewöhnliche Fachkenntnis und ein klarer Forscherblick haben hier zusammengewirkt, ein Buch von grundlegender Bedeutung zu schaffen, das zeitgemäß und führend die höchste Beachtung verdient ...

Die Entstehung der Mediterran-Roterde (Terra Rossa).

Ein Beitrag zur angewandten Kolloidchemie von Dr. phil. Dipl. agr. **A. Reifenberg.** Mit einem Vorwort von Prof. Dr. **Andor Fodor,** Direktor des Institutes für Biochemie und Kolloidchemie der Universität Jerusalem. *(Sonderausgabe aus „Kolloidchemische Beihefte".)* 94 Seiten, mit 2 Figuren und zahlreichen Tabellen. (1929.) Preis RM. 5.—.

Inhaltsverzeichnis: I. Definition. — II. Die Verbreitung der Mediterran-Roterden und die bei ihrer Bildung maßgeblichen klimatischen Faktoren. — III. Die geologischen Faktoren der Roterdebildung. — IV. Zusammenfassung der für die Entstehungsbedingungen der Mediterran-Roterden gewonnenen Erkenntnisse. — V. Kolloidchemische Gesetzmäßigkeiten in der Bodenkunde. — VI. Die Entstehung der Mediterran-Roterden. — Anhang. Die Verwitterung von Sandstein und Basalt im Roterdegebiet. Literaturverzeichnis.

Arbeitsmethoden der Mikrobiologie.

Ein Praktikum für Studierende an Hochschulen und zum Selbstunterricht mit besonderer Berücksichtigung der technischen Mikrobiologie. Von Prof. Dr. **Alexander Janke** und Prof. Dr. **Heinrich Zikes,** Technische Hochschule Wien. XII, 183 Seiten mit 127 Figuren. (1928.) Preis RM. 13.—, geb. RM. 14.50.

Inhalt: 1. Allgemeines über die Einrichtung mikrobiologischer Laboratorien und das Arbeiten in diesen. 2. Das Mikroskop und die Handhabung desselben. 3. Das mikroskopische Präparat und die Färbetechnik. 4. Die Methoden der Keimfreimachung (Sterilisation). 5. Die Nährböden und deren Bereitung. 6. Die Kulturmethoden (Isolierung und Fortzüchtung der Mikroben). 7. Die Methoden der Keimgehaltsermittlung. 8. Das Studium der chemischen Leistungen der Mikroben. 9. Die mikrobiologische Untersuchung der Luft, des Wassers, des Abwassers, des Bodens und des Düngers, sowie von Produkten der Gärungsgewerbe. — 10. Die Bestimmung der Mikroben.

Das Wesen der Dürre. Ihre Ursache und Verhütung.

Von Prof. **W. G. Rotmistroff,** Mitglied des wissenschaftlichen landwirtschaftlichen Komitees der Ukraine. Ins Deutsche übersetzt von **Ernst von Riesen.** 69 Seiten. Mit 22 Abbildungen auf 7 Tafeln. (1926.) Preis RM. 4.50.

Inhalt: I. Der Stand des Dürreproblems. II. Die Methode der Untersuchung. III. Die Gesetze der Wasserbewegung. IV. Über das Wurzelsystem der Pflanzen und seine Rolle im Wasserhaushalt des Bodens. V. Die jährliche Regulierung des Wasserhaushalts in der wurzelbewohnten Bodenschicht. VI. Die Erscheinungen der Dürre. VII. Die Maßnahmen zum Kampf gegen die Dürre.

VERLAG VON THEODOR STEINKOPFF, DRESDEN U. LEIPZIG